编委会名单

主 任 委 员　庄燕滨

副主任委员　张永常　邵晓根　范剑波　沈振平　倪　伟　马正华　范兴南
　　　　　　华容茂

委　　　员（以姓名笔画为序）
　　　　　　丁志云　丁海军　王　琳　石敏辉　刘玉龙　刘红玲　朱宇光
　　　　　　朱信诚　冷英男　闵立清　吴　胜　杨玉东　杨茂云　张宗杰
　　　　　　张碧霞　张献忠　查志琴　赵立江　赵　梅　郭小荟　徐煜明
　　　　　　唐土生　唐学忠　程红林　彭　珠　韩　雁

21 世纪高等学校本科计算机专业系列实用教材

Visual Basic程序设计实验指导书

丁志云　主　编
刘芝怡　苏　频　曾　琳　副主编
庄燕滨　主　审

电子工业出版社
Publishing House of Electronics Industry
北京·BEIJING

内 容 提 要

本书是电子工业出版社出版的《Visual Basic 程序设计实用教程》（刘模群主编）的配套实验用书，但也可作为其他 Visual Basic 教材的教学参考书和供自学使用。内容编排各章节同步。全书共安排 17 个实验，通过上机练习，使读者能很好地掌握 Visual Basic 程序设计的基本操作，进一步理解教材中各章节的主要知识点，掌握 Visual Basic 应用程序开发的一般步骤，了解程序设计中的常用算法，提高程序分析、程序设计和调试程序的能力。

本书可供大专院校的师生阅读，也可供各类计算机培训班学员作教学参考书，还适用于相关内容的各类计算机等级考试。

未经许可，不得以任何方式复制或抄袭本书之部分或全部内容。
版权所有，侵权必究。

图书在版编目（CIP）数据

Visual Basic 程序设计实验指导书 / 丁志云主编. —北京：电子工业出版社，2008.1
（21 世纪高等学校本科计算机专业系列实用教材）
ISBN 978-7-121-05339-9

I. V… Ⅱ. 丁… Ⅲ. BASIC 语言－程序设计－高等学校－教材 Ⅳ. TP312

中国版本图书馆 CIP 数据核字（2007）第 184040 号

责任编辑：刘海艳（lhy@phei.com.cn）
印　　刷：涿州市京南印刷厂
装　　订：涿州市京南印刷厂
出版发行：电子工业出版社
　　　　　北京市海淀区万寿路 173 信箱　邮编 100036
开　　本：787×1092　1/16　印张：11.25　字数：288 千字
版　　次：2008 年 1 月第 1 版
印　　次：2017 年 1 月第 7 次印刷
印　　数：900 册　定价：21.00 元

凡所购买电子工业出版社图书有缺损问题，请向购买书店调换。若书店售缺，请与本社发行部联系，联系及邮购电话：（010）88254888。
质量投诉请发邮件至 zlts@phei.com.cn，盗版侵权举报请发邮件至 dbqq@phei.com.cn。
服务热线：（010）88258888。

序　言

　　21 世纪是"信息"主导的世纪,是崇尚"创新与个性"发展的时代,体现"以人为本"、构建"和谐社会"是社会发展的主流。然而随着全球经济一体化进程的不断推进,市场与人才的竞争日趋激烈。对于国家倡导发展的 IT 产业,需要培养大量的、适应经济和科技发展的计算机人才。

　　众所周知,近年来,一些用人单位对部分大学毕业生到了工作岗位后,需要 1~2 年甚至多年的训练才能胜任工作的"半成品"现象反映强烈。从中反映出单位对人才的需求越来越讲究实用,社会要求学校培养学生的标准应该和社会实际需求的标准相统一。对于 IT 业界来讲,一方面需要一定的科研创新型人才,从事高端的技术研究,占领技术发展的高地;另一方面,更需要计算机工程应用、技术应用及各类服务实施人才,这些人才可统称"应用型"人才。

　　应用型本科教育,简单地讲就是培养高层次应用型人才的本科教育。其培养目标应是面向社会的高新技术产业,培养在工业、工程领域的生产、建设、管理、服务等第一线岗位,直接从事解决实际问题、维持工作正常运行的高等技术应用型人才。这种人才,一方面掌握某一技术学科的基本知识和基本技能,另一方面又具有较强的解决实际问题的基本能力,他们常常是复合性、综合性人才,受过较为完整的、系统的、有行业应用背景的"职业"项目训练,其最大的特色就是有较强的专业理论基础支撑,能快速地适应职业岗位并发挥作用。因此,可以说"应用型人才培养既有本科人才培养的一般要求,又有强化岗位能力的内涵,它是在本科基础之上的以'工程师'层次培养为主的人才培养体系",人才培养模式必须吸取一般本科教育和职业教育的长处,兼容并包。"计算机科学与技术"专业教学指导委员会已经在研究并指导实施计算机人才的"分类"培养,这需要我们转变传统的教育模式和教学方法,明确人才培养目标,构建课程体系,在保证"基础的前提"下,重视素质的养成,突出"工程性"、"技术应用性"、"适应性"概念,突出知识的应用能力、专业技术应用能力、工程实践能力、组织协调能力、创新能力和创业精神,较好地体现与实施人才培养过程的"传授知识,训练能力,培养素质"三者的有机统一。

　　在规划本套教材的编写时,我们遵循专业教学委员会的要求,针对"计算机工程"、"软件工程"、"信息技术"专业方向,以课群为单位选择部分主要课程,以计算机应用型人才培养为宗旨,确定编写体系,并提出以下的编写原则。

　　(1) 本科平台:必须遵循专业基本规范,按照"计算机科学与技术"专业教学指导委员会的要求构建课程体系,覆盖课程教学知识点。

　　(2) 工程理念:在教材体系编写时,要贯穿"系统"、"规范"、"项目"、"协作"等工程理念,内容取舍上以"工程背景"、"项目应用"为原则,尽量增加一些实例教学。

　　(3) 能力强化:教学内容的举例,结合应用实际,力争有针对性;每本教材要安排课程实践教学指导,在课程实践环节的安排上,要统筹考虑,提供面向现场的设计性、综合性的实践教学指导内容。

　　(4) 国际视野:本套教材的编写要做到兼长并蓄,吸收国内、国外优秀教材的特点,人才培养要有国际背景和视野。

本套教材的编委会成员及每本教材的主编都有着丰富的教学经验，从事过相关的工程项目（软件开发）的规划、组织与实施，希望本套教材的出版能为我国的计算机应用型人才的培养尽一点微薄之力。

编委会

前　言

Visual Basic 是在 Windows 平台上广泛使用的应用程序开发工具，它功能强大，易学易用，在国内外许多企业中有着广泛的应用。许多高校都开设了 Visual Basic 程序设计这门课程，学生通过这门课程的学习，就能很快地掌握面向对象程序设计的基本概念和基本方法。

作为非计算机专业的广大学生，在学习计算机课程时，不但要学习有关的理论知识、基本概念，更要注重实际的操作能力，注重能力的培养，能将所学知识运用到自己的专业中，善于用所学的计算机知识去解决本领域中的任务，学以致用。只有在运用中学习，才能学得更好，学得更深，才能学有所用，学有收获。

本实验指导书正是为此目的而编写的。本实验指导书共有 17 个实验，除实验 4 和实验 17 外，在内容编排上与《Visual Basic 程序设计实用教程》一书各章节同步。增加实验 4 的目的是供读者自学之用，以拓宽知识面。对每个实验都安排了几个小实验，对每个小实验都作了具体分析，有的提供了全部代码，有的只提供部分代码，但这些代码只是帮助初学者理解问题，不一定是"唯一"的解答，也不一定是"最佳"的解答，希望读者在理解的基础上写出更好的程序，也可以对提供的程序进行补充，使程序更加完善。对于只提供部分代码的实验，读者应该在正确理解本程序的基础上进行正确的填写，可能答案不止一种。实验 17 是对教材主要内容的一个自测，没有给出任何分析，希望读者在完成前面实验的基础上独立完成，以检验前一阶段的所学情况。

本书实验 1 和实验 2 由苏频编写，实验 3、实验 4 和实验 5 由曾琳编写，实验 6、实验 7、实验 8、实验 9 和实验 10 由刘芝怡编写，实验 11、实验 12、实验 13、实验 14、实验 15 和实验 17 由丁志云编写，实验 16 由王文琴编写。

本书由丁志云统稿、定稿并主编，庄燕滨主审。在本书编写过程中得到了常明华老师和华容茂老师的关心和指导。限于水平有限，不足之处敬请读者指正。

本书配有免费电子课件，任课教师可与编辑刘海艳（E-mail:lhy@phei.com.cn）联系。

作　者

目 录

实验 1　Visual Basic 基本操作 ··· 1
 一、目的和要求 ·· 1
 二、预备知识 ·· 1
 三、实验内容 ·· 2
  实验 1-1 ·· 2
  实验 1-2 ·· 3
  实验 1-3 ·· 5
  实验 1-4 ·· 7
  实验 1-5 ·· 8

实验 2　窗体及常用控件 ·· 12
 一、目的和要求 ·· 12
 二、预备知识 ·· 12
 三、实验内容 ·· 13
  实验 2-1 ·· 13
  实验 2-2 ·· 15
  实验 2-3 ·· 17
  实验 2-4 ·· 18

实验 3　菜单设计 ··· 20
 一、目的和要求 ·· 20
 二、预备知识 ·· 20
 三、实验内容 ·· 22
  实验 3-1 ·· 22
  实验 3-2 ·· 23
  实验 3-3 ·· 25
  实验 3-4 ·· 27

实验 4　MDI 窗体及工具栏 ··· 28
 一、目的和要求 ·· 28
 二、预备知识 ·· 28
 三、实验内容 ·· 32
  实验 4-1 ·· 32
  实验 4-2 ·· 35
  实验 4-3 ·· 37

实验 5　分支结构程序设计 39
一、目的和要求 39
二、预备知识 39
三、实验内容 41
实验 5-1 41
实验 5-2 42
实验 5-3 43
实验 5-4 43
实验 5-5 45
实验 5-6 46
实验 5-7 47

实验 6　循环结构程序设计 48
一、目的和要求 48
二、预备知识 48
三、实验内容 50
实验 6-1 50
实验 6-2 53
实验 6-3 56
实验 6-4 57

实验 7　多重循环程序设计 59
一、目的和要求 59
二、预备知识 59
三、实验内容 60
实验 7-1 60
实验 7-2 62
实验 7-3 63
实验 7-4 65

实验 8　数组及其应用 67
一、目的和要求 67
二、预备知识 67
三、实验内容 68
实验 8-1 68
实验 8-2 70
实验 8-3 72
实验 8-4 73

实验 9　动态数组 ·· 77
一、目的和要求 ··· 77
二、预备知识 ··· 77
三、实验内容 ··· 78
　　实验 9-1 ··· 78
　　实验 9-2 ··· 80
　　实验 9-3 ··· 82
　　实验 9-4 ··· 83

实验 10　控件数组 ·· 86
一、目的和要求 ··· 86
二、预备知识 ··· 86
三、实验内容 ··· 87
　　实验 10-1 ··· 87
　　实验 10-2 ··· 88
　　实验 10-3 ··· 89
　　实验 10-4 ··· 91

实验 11　Sub 过程 ·· 94
一、目的和要求 ··· 94
二、预备知识 ··· 94
三、实验内容 ··· 95
　　实验 11-1 ··· 95
　　实验 11-2 ··· 97
　　实验 11-3 ··· 99
　　实验 11-4 ··· 101

实验 12　Function 过程 ··· 105
一、目的和要求 ··· 105
二、预备知识 ··· 105
三、实验内容 ··· 106
　　实验 12-1 ··· 106
　　实验 12-2 ··· 108
　　实验 12-3 ··· 109
　　实验 12-4 ··· 111

实验 13　递归过程及变量作用域 ··· 115
一、目的和要求 ··· 115
二、预备知识 ··· 115
三、实验内容 ··· 116

　　　　实验 13-1 116
　　　　实验 13-2 117
　　　　实验 13-3 119
　　　　实验 13-4 120

实验 14　Visual Basic 程序调试 123
　　一、目的和要求 123
　　二、预备知识 123
　　三、实验内容 125
　　　　实验 14-1 125
　　　　实验 14-2 127
　　　　实验 14-3 129
　　　　实验 14-4 130
　　　　实验 14-5 132

实验 15　文件操作 134
　　一、目的和要求 134
　　二、预备知识 134
　　三、实验内容 134
　　　　实验 15-1 134
　　　　实验 15-2 136
　　　　实验 15-3 138
　　　　实验 15-4 141

实验 16　Visual Basic 高级应用 144
　　一、目的和要求 144
　　二、预备知识 144
　　三、实验内容 146
　　　　实验 16-1 146
　　　　实验 16-2 147
　　　　实验 16-3 149

实验 17　综合练习 153
　　一、目的和要求 153
　　二、预备知识 153
　　三、实验内容 153
　　　　实验 17-1 153
　　　　实验 17-2 154
　　　　实验 17-3 155
　　　　实验 17-4 156

实验 17-5 ··· 156
实验 17-6 ··· 157
实验 17-7 ··· 158
实验 17-8 ··· 158
实验 17-9 ··· 160
实验 17-10 ··· 160
实验 17-11 ··· 161
实验 17-12 ··· 162

实验 1

Visual Basic 基本操作

一、目的和要求

（1）掌握 Visual Basic 的启动方法，熟悉 Visual Basic 的开发环境。
（2）学习向窗体中添加对象的方法。
（3）掌握如何在属性窗口中设置对象的属性。
（4）掌握建立简单 Visual Basic 应用程序的一般步骤。
（5）掌握 Visual Basic 中常用的运算符、表达式和函数。

二、预备知识

1．Visual Basic 的启动及集成开发环境

双击桌面上启动 Visual Basic 的快捷方式或单击"开始"按钮，选择"程序"，选取"Microsoft Visual Basic 6.0 中文版"都可以创建 Visual Basic 应用程序。系统启动后进入如图 1-1 所示的界面。

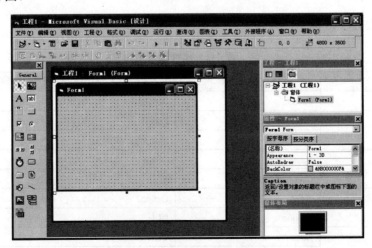

图 1-1　系统启动后进入的界面

2. 创建一个可执行的应用程序

创建一个 Visual Basic 应用程序有三个主要的步骤：
（1）创建应用程序界面；
（2）设置对象属性；
（3）编写事件过程代码。

三、实验内容

实验 1-1

【题目】
改变字体。建立一个应用程序，选择"放大"和"缩小"单选按钮，改变字号的大小。

【分析】
放大和缩小不能同时实现，它们是互斥的，所以用单选按钮实现字体变化的要求。

【实验步骤】
（1）窗体设计

在窗体上放置一个标签（Label）对象、两个单选按钮（OptionButton）对象和一个命令按钮（CommandButton）对象，如图 1-2 所示。

图 1-2　改变字体

（2）属性设置（见表 1-1）

表 1-1　属性设置

对　　象	属 性 名 称	属 性 值
窗体	Caption	改变字体
标签 1	Name	Label1
	Caption	欢迎来到 VB 世界
单选按钮 1	Name	Option1
	Caption	放大
单选按钮 2	Name	Option2
	Caption	缩小
命令按钮 1	Name	Command1
	Caption	退出

（3）添加程序代码

```
Private Sub Command1_Click()
    Unload Me '从内存中卸载本窗体，结束运行
End Sub


Private Sub Option1_Click()
    Label1.FontSize = 20 '改变字号大小，字号也可设置更大值
End Sub


Private Sub Option2_Click()
    Label1.FontSize = 10 '改变字号大小，字号也可设置更小值
End Sub
```

说明：代码中单引号（西文）后面的内容是注释。

（4）运行程序并保存文件

单击工具栏上的运行按钮 ▶，运行程序，记录运行结果，最后将窗体保存为 F1-1.frm，工程保存为 P1-1.vbp。在保存时文件名后缀可以省略，系统自动加上标识文件类型的后缀。

实验 1-2

【题目】

计算圆面积。建立一个应用程序，根据输入的圆的半径，计算圆的面积，如图 1-3 所示。

图 1-3　计算圆面积

【要求】

（1）用户输入圆的半径，按回车键后立即计算圆的面积。

（2）单击"清除"按钮后，将两个文本框的内容清空，并将焦点置于输入圆半径的文本框中。

【分析】

在输入圆半径的文本框的 KeyPress 事件过程中，添加计算圆面积的代码。程序运行时，在文本框中每输入一个字符就会触发 KeyPress 事件，该事件通过系统提供的参数 KeyAscii 返回按键对应的 ASCII 码。因此，当 KeyAscii 为 13（回车键的 ASCII 码）时，就运行计算圆面积的代码。

【实验步骤】

（1）窗体设计

在窗体上放置两个标签（Label）对象，两个文本框（TextBox）对象，两个命令按钮（CommandButton）对象，如图 1-3 所示。

（2）属性设置（见表 1-2）

表 1-2　属性设置

对　　象	属性名称	属　性　值
窗体	Caption	计算圆面积
标签 1	Name	Label1
	Caption	圆半径=
	Font	宋体、常规、五号
标签 2	Name	Label2
	Caption	圆面积=
	Font	宋体、常规、五号
文本框 1	Name	Text1
	Font	宋体、常规、五号
文本框 2	Name	Text2
	Font	宋体、常规、五号
命令按钮 1	Name	Command1
	Caption	清除
命令按钮 2	Name	Command2
	Caption	关闭

（3）添加程序代码

```vb
Private Sub Command1_Click()    ' "清除"按钮
    Text1.Text = ""    '清除文本框 1
    Text2.Text = ""    '清除文本框 2
    Text1.SetFocus    '文本框 1 得到焦点
End Sub

Private Sub Text1_KeyPress(KeyAscii As Integer)
    Dim R As Single    '定义变量 R 用来存放圆半径
    Const Pi = 3.1415926    '定义符号常量 Pi，代表圆周率 π
    If KeyAscii = 13 Then
        R = Text1.Text
        Text2.Text = Pi * R ^ 2    '计算圆面积
    End If
End Sub

Private Sub Command2_Click()    '关闭按钮
    Unload Me
End Sub
```

(4) 运行程序并保存文件

运行程序，记录运行结果，最后将窗体保存为 F1-2.frm，工程保存为 P1-2.vbp。

实验 1-3

【题目】

简易计算器。建立一个应用程序，能进行加、减、乘、除四则运算，如图 1-4 所示。

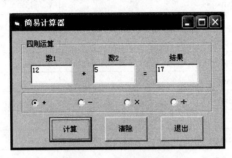

图 1-4　简易计算器

【要求】

（1）用户输入两个数后，可任意选择加减乘除进行计算，计算结果出现在"结果"文本框中。

（2）单击"清除"按钮后，将所有文本框的内容清空，并将焦点置于第一个文本框中，可重新输入两个数再次进行计算。

（3）单击"退出"按钮，可退出该窗体。

【分析】

通常文本框中的数据为字符型，但在计算式中可自动转换为数值型。

【实验步骤】

（1）窗体设计

在窗体上放置两个框架（Frame）和三个命令按钮（CommandButton）对象，第一个框架中放置三个文本框（TextBox）和五个标签（Label）对象，第二个框架中放置四个单选按钮（OptionButton）对象，如图 1-4 所示。

（2）属性设置（见表 1-3）

表 1-3　属性设置

对象	属性名称	属性值
窗体	Caption	简易计算器
框架 1	Caption	四则运算
框架 2	Caption	空
标签 1	Name	Label1
	Caption	数 1
标签 2	Name	Label2
	Caption	数 2

续表

对　象	属性名称	属性值
标签 3	Name	Label3
	Caption	结果
标签 4	Name	Label4
	Caption	＋
标签 5	Name	Label5
	Caption	＝
文本框 1	Name	Text1
	Text	空
文本框 2	Name	Text2
	Text	空
文本框 3	Name	Text3
	Text	空
命令按钮 1	Name	Command1
	Caption	计算
命令按钮 2	Name	Command2
	Caption	清除
命令按钮 3	Name	Command3
	Caption	退出

（3）添加程序代码

```
Private Sub Command1_Click()  ' "计算"按钮
    a = Val(Text1.Text)
    b = Val(Text2.Text)
    If Option1.Value = True Then
        c = a + b
    ElseIf Option2.Value = True Then
        c = a - b
    ElseIf Option3.Value = True Then
        c = a * b
    Else
        c = a / b
    End If
    Text3 = c
End Sub
Private Sub Command2_Click()  ' "清除"按钮
    Text1.Text = ""
    Text2.Text = ""
    Text3.Text = ""
    Text1.SetFocus
```

```
        End Sub

        Private Sub Command3_Click()  ' "退出"按钮
            Unload Me
        End Sub

        Private Sub Option1_Click()
            Label4.Caption = "+"
        End Sub

        Private Sub Option2_Click()
            Label4.Caption = "-"
        End Sub

        Private Sub Option3_Click()
            Label4.Caption = "×"
        End Sub

        Private Sub Option4_Click()
            Label4.Caption = "÷"
        End Sub
```

（4）运行程序并保存文件

运行程序；记录运行结果，最后将窗体保存为 F1-3.frm，工程保存为 P1-3.vbp。

（5）修改代码并思考

将"计算"按钮单击事件中的前两行代码改为

```
            a = Text1.Text
            b = Text2.Text
```

重新输入数据，运行程序，分别进行加、减、乘、除四种运算，观察计算结果有何变化？说说加和不加 Val() 函数计算结果为什么不一样？

实验 1-4

【题目】

摄氏温度转换成华氏温度。建立一个应用程序，能进行温度的转换，从摄氏温度转换成华氏温度。

【要求】

用户输入一个摄氏温度，单击"转换"按钮后可转换成华氏温度。单击"清除"按钮后，将文本框的内容清空，并将焦点置于第一个文本框中，可重新输入转换。

【分析】

摄氏温度转换成华氏温度的公式为：$F = 9 / 5 * C + 32$。

【实验步骤】

略。完成后将窗体保存为 F1-4.frm，工程保存为 P1-4.vbp。

实验 1-5

1. Visual Basic 运算符与表达式

（1）算术运算符

写出下列表达式的值，并上机验证。

① 25 + 23　　② 25 - 23　　③ 25 * 3　　④ 25 / 2　　⑤ 25 \ 2
①＿＿＿＿　　②＿＿＿＿　　③＿＿＿＿　　④＿＿＿＿　　⑤＿＿＿＿

⑥ 2 ^ 3　　⑦ 23 Mod 3　　⑧ 3 Mod 7　　⑨ 2.14 * 2　　⑩ 27 / 4 \ 3
⑥＿＿＿＿　　⑦＿＿＿＿　　⑧＿＿＿＿　　⑨＿＿＿＿　　⑩＿＿＿＿

⑪ #8/8/2007# + 10　　　　　　⑪ #8/8/2007# - #8/1/2007#
⑫＿＿＿＿　　　　　　　　　　⑫＿＿＿＿

说明：在 Visual Basic 中，立即窗口提供了一个对运算表达式进行立即处理的环境，选择"视图"，再选"立即窗口"，或按<Ctrl+G>组合键，可以打开立即窗口。在立即窗口中使用 Print 或 "?" 命令，可以输出表达式的值。

（2）连接运算符

写出下列表达式的值，并上机验证，如出错，写出原因。

① "Visual" & "Basic"　　② "Visual" + "Basic"　　③ "12" & "20"
①＿＿＿＿　　　　　　　②＿＿＿＿　　　　　　　③＿＿＿＿

④ "12" + "20"　　　　　　⑤ "12" + 20　　　　　　⑥ "abc" + 20
④＿＿＿＿　　　　　　　⑤＿＿＿＿　　　　　　　⑥＿＿＿＿

（3）关系运算符

写出下列表达式的值，并上机验证。

① "visual" = "VISUAL"　　② "ABCD" = "ABC"　　③ "ABCD" >= "ABC"
①＿＿＿＿　　　　　　　　②＿＿＿＿　　　　　　③＿＿＿＿

④ #8/8/2007# < #8/6/2007#　　⑤ 12 <= 22　　⑥ "string" > "string"
④＿＿＿＿　　　　　　　　　　⑤＿＿＿＿　　　⑥＿＿＿＿

（4）逻辑运算符

① 20 > 5 And 8 < 4　　　　　　　　② 20 > 5 Or 8 < 4
①＿＿＿＿　　　　　　　　　　　　②＿＿＿＿

③ "abcd" = "abc" And "abc" > "ab"　　④ Not 3 > 5
③＿＿＿＿　　　　　　　　　　　　④＿＿＿＿

2. 常用函数的使用

（1）算术函数

① 用 Abs()函数（求绝对值函数）求 –11.2 的绝对值，将结果放在变量 a 中，并显示 a 的值。

操作命令：＿＿＿＿＿＿＿＿＿＿＿＿＿＿＿＿＿＿＿＿＿＿＿＿

结果：_____

② 用 Int()（取整函数）函数对 4.67 取整。

操作命令：_____

结果：_____

③ 用 Rnd()函数（随机数函数）产生一个(0,1)之间的随机数，将结果放在变量 a 中，并显示 a 的值。

操作命令：_____

结果：_____

④ 用 Rnd()和 Int()函数产生一个[60,100]之间的随机整数，将结果放在变量 a 中，并显示 a 的值。

操作命令：_____

结果：_____

总结：要产生(a,b)之间的随机数的表达式是_____

要产生[a,b]之间的随机整数的表达式是_____

⑤ 用 Sqr()函数（开方函数）求 10 的平方根，将结果放在变量 a 中，并显示 a 的值。

操作命令：_____

结果：_____

⑥ 用 Sgn()（符号函数）分别求 5、−5、0 的符号值，将结果分别放在变量 a、b、c 中，并显示 a、b、c 的值。

操作命令：_____

结果：_____

⑦ 用 Round()函数（四舍五入函数）对 1234.567 保留 2 位小数。

操作命令：_____

结果：_____

（2）字符函数

① 用 Len()函数（测试字符串长度函数）测试"北京 2008 奥运会"的长度。

操作命令：_____

结果：_____

② 用 Mid()函数（取子串函数）从字符串"北京 2008 奥运会"中取出"运"字放在变量 a 中，并显示 a 的值。

操作命令：_____

结果：_____

③ 用 InStr()函数（位置测试函数）测试字符串"AB"在字符串"ABCDABCD"中第 1 次，第 2 次出现的位置，并将结果分别放在变量 a、b 中，并显示 a、b 的值。

操作命令：_____

结果：_____

④ 用 LTrim()函数（删除左边空格函数）去掉字符串" ABCD ABCD "前面的空格。

操作命令：_____

结果：_____

⑤ 用 RTrim()函数（删除右边空格函数）去掉字符串"　ABCD　　ABCD　"尾部的空格。
　　操作命令：_____
　　结果：_____
⑥ 用 Trim()函数（删除首尾空格函数）去掉字符串"　ABCD　　ABCD　"首部和尾部的所有空格。
　　操作命令：_____
　　结果：_____
⑦ 用 UCase()函数（字母变大写函数）将字符串"hello 你好"中的字母变成大写。
　　操作命令：_____
　　结果：_____
⑧ 用 LCase()函数（字母变小写函数）将字符串"HELLO 你好"中的字母变成小写。
　　操作命令：_____
　　结果：_____
⑨ 用 Space()函数（产生空格函数）在字符串"hello 你好"前后各产生 2 个空格。
　　操作命令：_____
　　结果：_____

（3）转换函数
① 用 Str()函数（数值转换成字符串函数）将数值 11.234 变成字符，放在变量 c 中，并测试 c 的长度。
　　操作命令：_____
　　结果：_____
② 用 Val()函数（字符串转换成数值函数）将字符"11.234"和"11k234"转换成数值。
　　操作命令：_____
　　结果：_____
③ 用 Asc()函数（ASCII 码值函数）求大写字母 A 的 ASCII 值。
　　操作命令：_____
　　结果：_____
④ 用 Chr()函数（ASCII 码值对应字符函数）求 ASCII 为 97 的对应的字符。
　　操作命令：_____
　　结果：_____

（4）日期时间函数
① 用 Date()函数（系统日期函数）将系统日期放在变量 d 中，并显示 d 的值。
　　操作命令：_____
　　结果：_____
② 将你的生日放在变量 BirthDay 中，然后用 Year()函数（年函数）、Month()函数（月函数）、Day()函数（日函数）分别输出你生日中的年、月、日。
　　操作命令：_____
　　结果：_____

③ 用 Now()函数（系统日期时间函数）将系统日期时间放在变量 dt 中，并显示 dt 的值。

操作命令：_____

结果：_____

④ 用 Time()函数（系统时间函数）将系统时间放在变量 t 中，并显示 t 的值。

操作命令：_____

结果：_____

⑤ 用 Weekday()函数（星期函数）测试 2008 年 8 月 8 日的星期数值，存放在变量 w 中，并显示 w 的值。

操作命令：_____

结果：_____

实验 2

窗体及常用控件

一、目的和要求

（1）学会根据要求设计窗体界面，合理使用各种控件，并对窗体进行布局。
（2）掌握 Label，TextBox，CommadButton 等常用控件的使用。
（3）掌握用程序代码方式设置对象的属性。
（4）学会编译 Visual Basic 程序，生成可执行文件，并直接在 Windows 下运行可执行文件。

二、预备知识

1. 调整窗口布局

为了更好地调整窗体布局，Visual Basic 的"格式"菜单提供了多种布局方式。

（1）对齐控件

① 按住 Shift 键的同时用鼠标左键单击要对齐的各个控件，凡被选中的控件周围会出现 8 个拖曳柄。
② 单击作为其他控件对齐标准的控件，该控件的拖曳柄呈填充色。
③ 在"格式"菜单中的"对齐"项中选择相应的对齐方式。

（2）按相同大小制作控件

① 选中要调整为相同大小的控件。
② 单击作为其他控件标准的控件，该控件的拖曳柄呈填充色。
③ 在"格式"菜单中的"统一尺寸"项中选择制作方式。

（3）调整控件间距

① 选中要调整间距的控件。
② 在"格式"菜单中的"水平间距"或"垂直间距"项中选择调整方式。

（4）在窗体中居中对齐控件

① 选中要居中对齐的控件。

② 在"格式"菜单中的"在窗体中居中对齐"项中选择"水平居中"或"垂直居中"方式。

2. 生成可执行文件并在 Windows 下运行

（1）可执行文件

对已调试完毕并保存过的 Visual Basic 工程，可以对其进行编译生成可执行文件。生成的可执行文件无需进入 Visual Basic 环境，在 Windows 下能够直接运行。如果运行时发现有错，不能对可执行文件进行修改，只能对工程文件进行修改，保存后再次生成可执行文件。

（2）生成可执行文件的步骤

① 在"文件"菜单中选择"生成×××.exe"命令，创建可执行文件。

② 在"生成工程"对话框中，输入可执行文件所保存的路径和文件名，单击"确定"按钮，Visual Basic 将当前工程编译成可直接在 Windows 下运行的可执行文件。

③ 退出 Visual Basic，如果被提示是否需要保存修改过的内容，则选择保存。

（3）运行可执行文件

打开 Windows 的"资源管理器"窗口，双击生成的可执行文件，就可以运行建立的应用程序。

三、实验内容

实验 2-1

【题目】

数的整除。建立一个应用程序，能显示 1000 以内所有能被 37 整除的数，如图 2-1 所示。

图 2-1　计算整除的界面

【要求】

在文本框中逐个显示 1000 以内所有能被 37 整除的数。

【分析】

采用循环结构，逐个判断 1000 以内的数，如果能够被 37 整除即显示。以此类推，还能设计被其他数整除的应用程序。

文本框要设置为多行形式，即将文本框的多行属性（MultiLine）设置为True。

【实验步骤】

（1）窗体设计

在窗体上放置一个文本框（TextBox）对象、一个框架（Frame）对象、一个标签（Label）对象和一个命令按钮（CommandButton）对象，如图2-1所示。

注意：添加控件时先添加框架对象，再在框架中添加标签和命令按钮对象。

（2）属性设置（见表2-1）

表2-1 属性设置

对象	属性名称	属性值
文本框	Name	Text1
	Text	空
	MultiLine	True
	ScrollBars	2-Vertical
框架	Name	Frame1
	Caption	空
标签	Name	Label1
	Caption	按"开始"按钮显示1000以内能被37整除的所有数
	Font	隶书、常规、四号
命令按钮	Name	Command1
	Caption	开始

（3）添加程序代码

```
Private Sub Command1_Click()
    Dim i As Integer
    Dim S As String
    For i = 1 To 1000 'For 循环
        If i Mod 37 = 0 Then '被37整除的条件
            S = S & Str(i) & Chr(13) & Chr(10) 'chr(13)返回回车键,chr(10)表示换行
        End If
    Next i
    Text1.Text = S
End Sub
```

（4）运行程序并保存文件

运行程序，观察运行结果，最后将窗体保存为F2-1.frm，工程保存为P2-1.vbp，并生成可执行文件E2-1.exe。

（5）运行可执行文件

关闭Visual Basic，在Windows下运行E2-1.exe，观察运行结果。

实验 2-2

【题目】

建立一个应用程序,计算所发工资需要的人民币的最少张数,如图 2-2 所示。

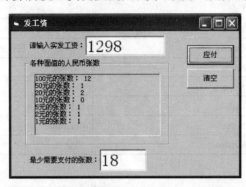

图 2-2 计算工资发放张数

【要求】

(1) 用户输入工资数额后能计算出所需人民币的最少张数及具体情况。

(2) 单击"清空"按钮后,将图片框和所有文本框的内容清空,并将焦点置于输入工资的文本框中。

【分析】

要计算最少人民币的张数,应先计算最大面额人民币 100 元所需的张数,然后再逐个计算 50 元、20 元等的张数。

计算 100 元的张数,只需将工资数与 100 相除,取商即可,余数再与 50 除,以此类推。

【实验步骤】

(1) 窗体设计

在窗体上放置两个标签(Label)对象、两个文本框(TextBox)对象、两个命令按钮(CommandButton)对象、一个框架(Frame)对象和一个图片框(PictureBox)对象,如图 2-2 所示。

(2) 属性设置(见表 2-2)

表 2-2 属性设置

对　　象	属 性 名 称	属　性　值
窗体	Caption	发工资
标签 1	Name	Label1
	Caption	请输入实发工资:
标签 2	Name	Label2
	Caption	最少需要支付的张数:
文本框 1	Name	Text1
	Text	空
	Font	宋体、常规、二号

续表

对 象	属 性 名 称	属 性 值
文本框 2	Name	Text2
	Text	空
	Font	宋体、常规、二号
框架	Name	Frame1
	Caption	各种面值的人民币张数
图片框	Name	Picture1
命令按钮 1	Name	Command1
	Caption	应付
命令按钮 2	Name	Command2
	Caption	清空

（3）添加程序代码

```vb
Private Sub Command1_Click()
    Dim X As Integer, Y As Integer, MoneyNum As Integer
    X = Val(Text1.Text)
    '计算 100 元的张数
    Y = X \ 100
    Picture1.Print "100 元的张数："; Y
    MoneyNum = MoneyNum + Y
    '计算 50 元的张数
    X = X - Y * 100
    Y = X \ 50
    Picture1.Print "50 元的张数："; Y
    MoneyNum = MoneyNum + Y
    '计算 20 元的张数
    X = X - Y * 50
    Y = X \ 20
    Picture1.Print "20 元的张数："; Y
    MoneyNum = MoneyNum + Y
    '计算 10 元的张数
    X = X - Y * 20
    Y = X \ 10
    Picture1.Print "10 元的张数："; Y
    MoneyNum = MoneyNum + Y
    '计算 5 元的张数
    X = X - Y * 10
    Y = X \ 5
    Picture1.Print "5 元的张数："; Y
    MoneyNum = MoneyNum + Y
```

```
        '计算 2 元的张数
        X = X - Y * 5
        Y = X \ 2
        Picture1.Print "2 元的张数："; Y
        MoneyNum = MoneyNum + Y
        '计算 1 元的张数
        X = X - Y * 2
        Y = X
        Picture1.Print "1 元的张数："; Y
        MoneyNum = MoneyNum + Y
        '显示总张数
        Text2 = MoneyNum
    End Sub
    Private Sub Command2_Click()
        Text1.Text = ""
        Text2.Text = ""
        Picture1.Cls
        Text1.SetFocus
    End Sub
```

（4）运行程序并保存文件

运行程序，记录运行结果，最后将窗体保存为 F2-2.frm，工程保存为 P2-2.vbp，并生成可执行文件 E2-2.exe。

实验 2-3

【题目】

定时器的应用。建立一个滚动字幕应用程序，将字幕从右往左反复滚动显示。

【分析】

需要通过定时器控件实现题目要求。

【实验步骤】

（1）窗体设计

在窗体上放置一个标签（Label）对象和一个定时器（Timer）对象，如图 2-3 所示。

图 2-3 滚动字幕

（2）属性设置（见表2-3）

表2-3 属性设置

对　　象	属性名称	属　性　值
标签	Name	Label1
	Caption	I BELIEVE I CAN FLY!
	Font	宋体、常规、小四号
定时器	Name	Timer1
	Interval	300

（3）添加程序代码

```
Private Sub Timer1_Timer()
    If Label1.Left < 0 Then
        Label1.Left = Form1.Width
    Else
        Label1.Left = Label1.Left - 50
    End If
End Sub
```

（4）运行程序并保存文件

运行程序，观察运行结果（定时器对象运行时是不可见的），最后将窗体保存为F2-3.frm，工程保存为P2-3.vbp，并生成可执行文件E2-3.exe。

（5）修改

将定时器的时间间隔属性Interval改为3000，观察运行结果。

（6）思考

如果想让字幕从左往右滚动，应该如何修改代码？

实验2-4

【题目】

建立一个列表框应用程序。通过双击列表框中的项目，将列表框中的项目从左边的框移到右边的框，或从右边的框移到左边的框，如图2-4所示。

图2-4 列表框的使用

【分析】

根据题目要求代码应该写在列表框的双击事件（DblClick）中。

【实验步骤】

（1）窗体设计

在窗体上放置两个列表框（ListBox）对象，如图 2-4 所示。

（2）属性设置（见表 2-4）

表 2-4 属性设置

对　　象	属 性 名 称	属 性 值
列表框 1	Name	List1
列表框 2	Name	List2
	Sorted	True

（3）添加程序代码

```
Private Sub Form_Load()
    List1.FontSize = 12
    List2.FontSize = 12
    List1.AddItem "北京"
    List1.AddItem "上海"
    List1.AddItem "天津"
    List1.AddItem "武汉"
    List1.AddItem "重庆"
    List1.AddItem "南京"
    List1.AddItem "青岛"
    List1.AddItem "桂林"
End Sub

Private Sub List1_DblClick()
    List2.AddItem List1.Text
    List1.RemoveItem List1.ListIndex
End Sub

Private Sub List2_DblClick()
    List1.AddItem List2.Text
    List2.RemoveItem List2.ListIndex
End Sub
```

（4）运行程序并保存文件

运行程序，双击列表框 1 中的项目，再双击列表框 2 中的项目，观察运行结果，最后将窗体保存为 F2-4.frm，工程保存为 P2-4.vbp，并生成可执行文件 E2-4.exe。

实验 3

菜单设计

一、目的和要求

（1）掌握菜单编辑器的使用和操作。
（2）掌握下拉式菜单的编辑与修改。
（3）掌握弹出式菜单的编辑与显示方法。
（4）掌握菜单事件过程的编写方法。

二、预备知识

1. 菜单概述

大多数 Windows 应用程序的用户界面都具有菜单，菜单为用户提供命令分组，使用户能方便、直观地访问这些命令。菜单的形式按使用方式分为下拉式菜单和弹出式菜单两种。下拉式菜单位于窗体顶部的菜单栏上，单击菜单标题弹出菜单。弹出式菜单是独立于窗体菜单栏而在窗体内浮动显示的，显示的内容往往根据单击的对象不同而不同。

菜单的组成元素如图 3-1 所示，包括以下内容：

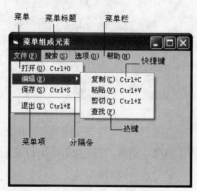

图 3-1 菜单的组成元素

- 菜单栏：显示在窗体标题栏下，它包含一个或多个菜单标题。
- 菜单标题：用户单击菜单栏上的菜单标题会出现一个下拉菜单。
- 菜单项：包括菜单命令、分隔条和子菜单标题。
- 快捷键：不打开菜单直接运行相应的菜单命令。
- 热键：运用 Alt 键和菜单标题中的一个带下划线的字符来打开菜单。
- 菜单事件：每个菜单项只能响应一个事件，即 Click 事件。
- 分隔条：将菜单项进行分组。

利用 Visual Basic 的"菜单编辑器"能方便地编辑修改菜单，打开"菜单编辑器"的方法有三种：

（1）在 Visual Basic 的"工具"菜单中选取"菜单编辑器"菜单项。

（2）在 Visual Basic 的"工具栏"上单击"菜单编辑器"按钮 ▤，打开"菜单编辑器"对话框。

（3）右击窗体空白处，在弹出菜单中选择"菜单编辑器"。

在"菜单编辑器"中，可以设置菜单的标题（Caption）、名称（Name）、访问键及快捷键等属性值。在 Visual Basic 中，可对菜单进行分级，最多可以产生 6 级菜单。位于菜单栏上的菜单为一级菜单（主菜单）。

一级菜单不能定义快捷键。

2. 弹出式菜单

弹出式菜单可以看做是菜单的快捷方式，用户不需要到窗体顶部去打开菜单再选择菜单项，只需单击鼠标右键就可以访问所需的菜单，这样操作简便、快捷。Visual Basic 中弹出式菜单的设计方法与下拉式菜单相同，只是将一级菜单的"可见"属性设置为"否"（将复选框中的"√"去掉）即可。

程序运行时，可使用窗体的 PopupMenu 方法来显示弹出式菜单，其语法格式如下：

[对象名.]PopupMenu <菜单名>[, flags , x , y]

- 对象名：用来指定窗体对象，即显示哪个窗体上设计的弹出式菜单。若默认，则为当前的 Form 对象。
- 菜单名：为指定的弹出式菜单的 Name 属性。
- flags：标志，为一个数值，用来指定弹出式菜单的位置和行为。设置值见表 3-1。

表 3-1 PopupMenu 方法 flags 参数设置表

符号常量	数值	指定	作用描述
vbPopupMenuLeftAlign	0	位置	默认值，弹出菜单的左边定位于坐标 x
vbPopupMenuCenterAlign	4	位置	弹出菜单的中间定位于坐标 x
vbPopupMenuRightAlign	8	位置	弹出菜单的右边定位于坐标 x
vbPopupMenuLeftButton	0	行为	默认值，只响应鼠标左键的单击
vbPopupMenuRightButton	2	行为	同时响应鼠标左键和右键的单击

- x:指定弹出式菜单的 x 轴坐标,默认值为鼠标的 x 轴坐标。
- y:指定弹出式菜单的 y 轴坐标,默认值为鼠标的 y 轴坐标。

三、实验内容

实验 3-1

【题目】

在窗体上创建一个下拉式菜单,测试菜单的快捷键和热键的功能。在窗体上放置一个标签,通过菜单项的选择改变标签的前景色和背景色。

【分析】

标签背景色、前景色可以通过调用 RGB 函数来设置。一个 RGB 颜色值指定红、绿、蓝三原色的相对亮度,生成一个用于显示的特定颜色,取值范围是 0~255。RGB 三色亮度都取 255 时为白色,都取 0 时为黑色,RGB 取其他相同值时即为灰色。

【实验步骤】

(1)窗体界面设计

为窗体设置一个标签,并利用"菜单编辑器"建立菜单,如图 3-2 所示。

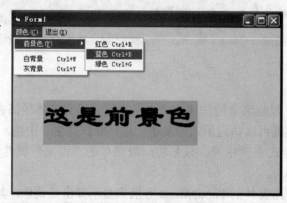

图 3-2 下拉式菜单设计

(2)属性设置

将标签 Label1 标题属性设置为"这是前景色",设置 Font 属性为隶书、初号。窗体的背景色设置为黄色或其他浅颜色,与标签的背景色区分开来,下拉式菜单属性设置见表 3-2。

表 3-2 下拉式菜单属性设置表

标 题	名 称	快 捷 键	菜 单 级 别
颜色(&C)	mnuColor		1
前景色(&F)	mnuForeColor		2
红色	mnuRed	Ctrl + R	3
蓝色	mnuBlue	Ctrl + B	3
绿色	mnuGreen	Ctrl + G	3

续表

标　题	名　称	快　捷　键	菜单级别
-	mnuLine		2
白背景	mnuWhite	Ctrl + W	2
灰背景	mnuGrey	Ctrl + Y	2
退出(&X)	mnuExit		1

（3）添加程序代码

```
Private Sub mnuRed_Click()
    Label1.ForeColor = RGB(255, 0, 0)
End Sub

Private Sub mnuBlue_Click()
    Label1.ForeColor = RGB(0, 0, 255)
End Sub

Private Sub mnuGreen_Click()
    Label1.ForeColor = RGB(0, 255, 0)
End Sub

Private Sub mnuGrey_Click()
    '当 RGB 三值相等且不为 0 和 255 时，调出的就是灰色
    Label1.BackColor = RGB(192, 192, 192)
End Sub

Private Sub mnuWhite_Click()
    Label1.BackColor = RGB(255, 255, 255)
End Sub

Private Sub mnuExit_Click()
    End
End Sub
```

（4）运行程序并保存文件

程序运行后，测试快捷键和热键，观察运行结果，最后将窗体保存为 F3-1.frm，工程保存为 P3-1.vbp。

实验 3-2

【题目】

弹出式菜单的设计与显示。创建一个弹出式菜单，调用窗体的 PopupMenu 方法显示菜单。注意观察 flags 参数设置不同值的不同显示效果。菜单的作用是在窗体中逐句打印李白的《望天门山》，如图 3-3 所示。

图 3-3　弹出式菜单

【要求】

必须在窗体的 MouseDown 事件过程中添加显示菜单的代码，并且在单击鼠标右键时才能弹出菜单。

【分析】

在设计弹出式菜单时，一般要将弹出式菜单的一级菜单 Visible（可见）属性设置为 False，所以在窗体的菜单栏上该菜单的标题是看不见的。弹出菜单后只显示其下级菜单。

窗体的 MouseDown 事件中，有一个返回参数 Button：值为 1，表示用户单击左键；值为 2，表示用户单击右键，根据此值来确定单击右键时才弹出菜单。

【实验步骤】

（1）菜单属性设置

设计一个弹出式菜单，菜单属性设置参见表 3-3。

表 3-3　弹出式菜单属性设置表

标　题	名　称	可 见 性	级　别
唐诗	mnuPoem	False	1
第一句	mnuFirst	True	2
第二句	mnuSecond	True	2
第三句	mnuThird	True	2
第四句	mnuForth	True	2

（2）添加程序代码

```
Private Sub Form_MouseDown (Button As Integer, Shift As Integer, X As Single, _
    Y As Single)
        'Button 参数返回值为 2 表示用户单击了鼠标右键
        If Button = 2 Then
            PopupMenu mnuPoem, 0
            'flags 值为 0，表示弹出式菜单定位于鼠标右边且菜单项响应鼠标左键的单击
        End If
End Sub

Private Sub mnuFirst_Click()
```

```
            Print "天门中断楚江开，"
        End Sub

        Private Sub mnuSecond_Click()
            Print "碧水东流至此回。"
        End Sub

        Private Sub mnuThird_Click()
            Print "两岸青山相对出，"
        End Sub

        Private Sub mnuForth_Click()
            Print "孤帆一片日边来。"
        End Sub
```

（3）运行程序并保存文件

程序运行后，用鼠标右键单击窗体，弹出菜单，运行其中的菜单命令，观察运行结果，最后将窗体保存为 F3-2.frm，工程保存为 P3-2.vbp。

（4）修改程序

修改 PopupMenu 方法的 flags 参数值，分别改为 2、4、6、8、10，再次观察运行结果。

实验 3-3

【题目】

设计一个窗体界面，两个文本框接受用户输入操作数，单击鼠标右键，在弹出的菜单中选择要运行的运算操作类型。将运算结果显示在第三个文本框中。

【要求】

弹出式菜单用两条分隔线分成加减运算、乘除运算和退出程序三个区域。操作数与得数之间画一条线隔开。

【分析】

在文本框中获得用户输入数据后，需用 Val 函数将文本内容字符串型转换成数值型，再进行相应的数学运算。运算结果也要用相应的函数进行数据类型的转换，将数值型转换成字符串型，可采用 Str 函数或 CStr 函数。

【实验步骤】

（1）窗体设计

按图 3-4 所示，在窗体上放置三个标签对象、三个文本框对象、一个将操作数文本框和得数文本框区分开来的 Line 对象。同时利用"菜单编辑器"设计弹出式菜单。

（2）属性设置

按图 3-4 所示设置标签的 Caption 属性，适当地调整标签与文本框的位置及文本框的大小。按图 3-4 安放线条对象 Line1，长度适中，线条宽度 BorderWidth 属性设置为 3。菜单属性设置见表 3-4。

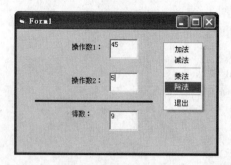

图 3-4 操作数运算

表 3-4 操作数运算菜单属性设置表

标 题	名 称	可 见 性	级 别
算术运算	mnuCount	False	1
加法	mnuAdd	True	2
减法	mnuSub	True	2
-	mnuLine1	True	2
乘法	mnuMul	True	2
除法	mnuDiv	True	2
-	mnuLine2	True	2
退出	mnuExit	True	2

（3）添加程序代码

```
Private Sub Form_MouseDown (Button As Integer, Shift As Integer, X As Single, _
Y As Single)
    If Button = 2 Then
        PopupMenu mnuCount, 2
    End If
End Sub


Private Sub mnuAdd_Click()
    X = Val(Text1) + Val(Text2)
    Text3 = CStr(X)
End Sub


Private Sub mnuSub_Click()
    X = Val(Text1) - Val(Text2)
    Text3 = CStr(X)
End Sub


Private Sub mnuMul_Click()
```

```
            X = Val(Text1) * Val(Text2)
            Text3 = CStr(X)
        End Sub

        Private Sub mnuDiv_Click()
            X = Val(Text1) / Val(Text2)
            Text3 = CStr(X)
        End Sub

        Private Sub mnuExit_Click()
            End
        End Sub
```

（4）运行程序并保存文件

程序运行后，用鼠标右键单击窗体，弹出菜单，运行其中的菜单，观察运行结果。将 CStr 函数换成 Str 函数，再运行，观察两次运行结果有什么不同，最后将窗体保存为 F3-3.frm，工程保存为 P3-3.vbp。

实验 3-4

【题目】

设计一个应用程序菜单，菜单结构如图 3-1 所示，有"文件"菜单、"搜索"菜单、"选项"菜单和"帮助"菜单。其中，"文件"菜单必须有具体的菜单项内容，如图 3-1 所示，有"编辑"、"打开"、"保存"等菜单命令及分隔条等。

【实验步骤】

略。完成后将窗体保存为 F3-4.frm，工程保存为 P3-4.vbp。

实验 4

MDI 窗体及工具栏

一、目的和要求

（1）了解 MDI 窗体和子窗体的特点。
（2）掌握 MDI 窗体的程序设计方法。
（3）掌握工具栏的属性设置和使用方法。
（4）掌握图像列表的属性设置和使用方法。
（5）掌握 MDI 窗体中菜单与工具栏的协调运用。

二、预备知识

1. MDI（多文档界面）

多文档界面 MDI（Multiple Document Interface）是指在一个父窗口中可以同时打开多个子窗口。MDI 应用程序允许用户同时显示多个文档，每个文档显示在它自己的窗口中，文档或子窗口被包含在父窗口中。父窗口为应用程序中所有的子窗口提供工作空间。子窗口隶属于父窗口。如果父窗口关闭，则所有子窗口全部关闭。常见的 Windows 应用程序常采用多文档界面。例如，微软 Office 的几个组件程序，全部采用的是多文档界面。

在 Visual Basic 中，启动一个新的工程，在屏幕出现的空白窗体，称为标准窗体。任何标准窗体都可以被设置为 MDI 应用程序的子窗体，只要把标准窗体的 MDIChild 属性设置为 True 即可。

2. MDI 窗体的创建

（1）设置初始窗体属性

首先启动一个新的工程，在屏幕上就会出现一个空白的窗体，将窗体的 MDIChild 属性设置为 True，就可将标准窗体设置为 MDI 应用程序的子窗体。

（2）建立 MDI 窗体

选择"工程"菜单，单击"添加 MDI 窗体"菜单项，或在工具栏上单击"添加窗体"按钮右边的下拉箭头，在弹出的菜单中单击"添加 MDI 窗体"菜单项。此时，在"工程资源管理器"窗口中会出现一个独特的 MDI 窗体图标。图 4-1 所示是建立的三种不同类型的窗体。

 一个工程中只允许含有一个 MDI 窗体。

（3）添加子窗体，设置 MDIChild 属性

选择菜单"工程"→"添加窗体"，弹出"添加窗体"对话框，选择"窗体"，单击"打开"按钮，设置窗体的 MDIChild 属性为 True，就在 MDI 窗体中添加一个子窗体。重复此操作即可添加多个子窗体。

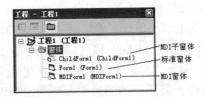

图 4-1 Visual Basic 中三种不同类型的窗体

3. 工具栏与图像列表

Visual Basic 允许用户创建自己的工具栏，工具栏为用户提供了应用程序中最常用的菜单命令的快速访问方法，进一步增强应用程序的菜单界面。

创建工具栏，需要使用 ActiveX 控件中的工具栏（Toolbar）控件和图像列表（ImageList）控件。在 Visual Basic 标准工具箱里没有 ActiveX 控件，用时必须添加。添加过程如下：

选择"工程"菜单，单击"部件"菜单项，弹出"部件"对话框，如图 4-2 所示。在"部件"对话框的"控件"选项卡中，选择"Microsoft Windows Common Controls 6.0"，单击"确定"按钮，关闭"部件"对话框。在标准工具箱中就可以看到多出的工具栏控件 和图像列表控件 等。

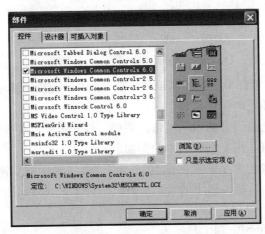

图 4-2 添加 ActiveX 控件

图像列表控件是包含图像的集合，该集合中的每个图像对象都可以通过其索引（Index）或关键字（Key）属性被引用。图像列表控件不能独立使用，只是作为一个便于向其他控件提供图像的资料中心，相当于图像的仓库。Visual Basic 中常通过 ToolBar、TabStrip、ImageCombo 等 Windows 通用控件来使用图像列表中的图像，在使用前必须先将图像列表对象绑定在 Windows 通用控件上。需要注意的是，图像列表对象一旦被绑定到 Windows 通用控件上，就不能再删除其中的图像，只可以在集合的末尾添加图像。如需要删除图像，必须先取消绑定。

4．创建用户自定义工具栏

创建用户自定义工具栏的一般步骤如下：

（1）在 MDI 窗体上放置工具栏和图像列表对象

在 Visual Basic 工具箱上单击 ToolBar 控件，并拖到 MDI 窗体的任何位置，创建一个 ToolBar1 对象，Visual Basic 自动将 ToolBar1 移到顶部。单击 ImageList 控件，并拖到 MDI 窗体的任何位置（位置不重要，因为它总是不可见的），创建一个图像列表对象 ImageList1。

（2）设置图像列表对象属性，将所需的图像引入到图像列表中

右击 ImageList1，从弹出菜单中选择"属性"，进入"属性页"对话框，选择"图像"选项卡，单击"插入图片"按钮，将预先准备好的图像添加到 ImageList1 中，如图 4-3 所示。添加多幅图片重复此步骤。

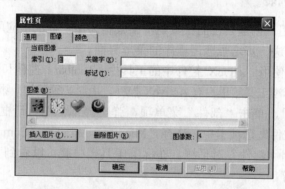

图 4-3 图像列表"属性页"对话框

说明：

- 索引：Index，表示每个图像的编号，在 ToolBar 的按钮选项卡中引用。
- 关键字：Key，表示每个图像的标识名，在 ToolBar 的按钮选项卡中引用。
- 图像数：表示已插入的图像数目。
- "插入图片"按钮：用来插入新图像，图像文件的扩展名为.ico、.bmp、.jpg 等。
- "删除图片"按钮：用来删除选中的图像。

另外，还要设置图像的大小。在图像列表"属性页"对话框"通用"选项卡中选择图像的大小，以确定图像在工具栏按钮上的大小，有 16 像素×16 像素，32 像素×32 像素，48 像素×48 像素三种，还可以自定义大小。

（3）将图像列表对象绑定到工具栏上

若要在工具栏中使用图像列表中的图像，必须先将图像列表对象绑定到工具栏上，具体

操作如下:

右击 ToolBar1 对象,选择"通用"选项卡,在"图像列表"下拉框里选择 ImageList1,就将 ImageList1 绑定到 ToolBar1 上,如图 4-4 所示。

(4)在工具栏中插入按钮并设置图标等属性

选择工具栏"属性页"对话框中的"按钮"选项卡,单击"插入按钮"按钮,Visual Basic 就会在工具栏上显示一个空白按钮,如图 4-5 所示。重复此步骤插入多个按钮。

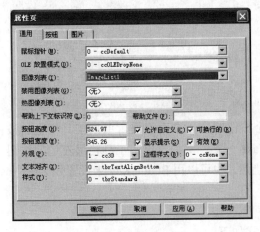 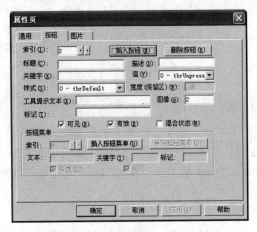

图 4-4　图像列表的绑定　　　　　　　　图 4-5　在工具栏中插入按钮

说明:
- 索引:Index,表示每个按钮的数字编号,在工具栏的 ButtonClick 事件中引用。
- 关键字:Key,表示每个按钮的标识名,在工具栏的 ButtonClick 事件中引用。
- 样式:Style,按钮显示样式。共 6 种,含义见表 4-1。
- 图像:图像列表中的图像,其值可以是图像的索引值或关键字。

表 4-1　工具栏按钮样式

样式字符常量	值	按钮类型及其说明
tbrDefault	0	普通按钮。按钮按下后恢复原状,如"新建"按钮
tbrCheck	1	开关按钮。按钮按下后将保持按下状态,如"加粗"按钮
tbrButtonGroup	2	编组按钮。一组按钮只能一个有效,如"左对齐"等按钮
tbrSeparator	3	分隔按钮。把左右的按钮分隔开来
tbrPlaceholder	4	占位按钮。以便安放其他控件,可设置按钮宽度
tbrDropdown	5	菜单按钮。具有下列式菜单,如 Word 中的"字号"设置按钮

设置按钮图标。单击紧挨"索引"框的向左或向右箭头以选择一个按钮序号。工具栏最左边的按钮索引值为 1,向右依次加 1。在"图像"框里输入图像的索引号。输入为 1,则显示 ImageList1 对象中的第一幅图像;输入为 2,则显示 ImageList1 对象中的第二幅图像。1、2 即为图像的索引值,用来引用图像。单击"应用"按钮,观察工具栏上的按钮,此时空白按钮变成了具有图标的按钮。

如果要为工具栏添加文本信息,可在"标题"框里输入想显示在按钮上的文本。重复操作为每个按钮设置图标,最后单击"确定"按钮。

（5）编写工具栏的 ButtonClick 事件代码

双击工具栏，编写工具栏的 ButtonClick 事件代码，常使用分支结构来完成程序的设计，如下所示：

```
Private Sub Toolbar1_ButtonClick(ByVal Button As MSComctlLib.Button)
    Select Case Button.Index
        Case 1
            <要执行的代码>
        Case 2
            <要执行的代码>
        …
    End Select
End Sub
```

Button.Index：表示工具栏按钮的索引，每个按钮对应一个索引值，单击工具栏上的按钮返回其按钮的索引值，根据索引值进入相应的 Case 分支。例如，单击工具栏最左边的按钮，Button.Index 值为 1，进入 Case 1 进行事件处理。当然，也可以用 Button.Key 来设置分支条件。

5．工具栏常用方法

- Add 方法。在工具栏上添加按钮，语法格式如下：

    <工具栏名>.Button.Add <索引>[,<关键字>,<标题>,<样式>,<图像>]

- Remove 方法。删除工具栏上的按钮，语法格式如下：

    <工具栏名>.Button.Remove <索引>

6．MDI 子窗体的访问方法

（1）创建菜单访问子窗体

建立好 MDI 窗体，可运用菜单编辑器为其创建菜单。可在 MDI 窗体菜单的 Click 事件中用 Load 命令或 Show 方法显示子窗体。在 MDI 子窗体中，也可运用菜单编辑器为子窗体创建菜单。

 在 MDI 应用程序中，子窗体的菜单显示在 MDI 窗体上，而不显示在子窗体中。

（2）创建工具栏访问子窗体

为 MDI 应用程序创建工具栏，用工具栏上的按钮来访问子窗体。

三、实验内容

实验 4-1

【题目】

运用菜单方式访问 MDI 窗体的子窗体。编制一个应用程序，包含一个 MDI 多文档界面窗体,并包含"诗歌欣赏"、"日期显示"及"字效设置"三个子窗体。在 MDI 窗体中每次只能显示一个子窗体,并运用菜单项选择子窗体的显示,如图 4-6 所示。

图 4-6 "诗歌欣赏"子窗体及"字效设置"子窗体

【要求】

(1) 为 MDI 窗体创建菜单,含"显示"、"字效设置"两个菜单。

(2) "诗歌欣赏"子窗体如图 4-6 所示。单击单选框,文本框中显示相应作者的诗。文本框为多行显示。

(3) "日期显示"子窗体中的标签对象显示系统的当前日期。"日期显示"子窗体与"诗歌欣赏"子窗体的控制为"显示"菜单的菜单项。

(4) "字效设置"子窗体如图 4-6 所示,可设置标签文本内容的字体效果。

【分析】

参见预备知识第 2 点,创建 MDI 窗体,同时添加三个子窗体,子窗体的 MDIChild 属性设置为 True。"诗歌欣赏"子窗体的多行文本显示,可以运用 Chr(13) & Chr(10)进行回车换行处理。显示系统的当前日期可通过调用 Date 函数获取。

【实验步骤】

(1) 窗体界面设计

① 添加 MDI 窗体。选择"工程"菜单,单击"添加 MDI 窗体"菜单项,在工程中添加一个 MDI 窗体,将 MDI 窗体的标题设置为"多文档界面"。

② 添加子窗体。选择菜单"工程"→"添加窗体",弹出"添加窗体"对话框。选择"新建"选项卡中的"窗体",按此方式添加两个标准窗体。将工程中的三个标准窗体(工程中原先有一个标准窗体)的名称分别设置为 frmPoem、frmDate 和 frmEffect;标题分别设置为"诗歌欣赏"、"日期显示"和"字效设置";三个窗体的 MDIChild 属性都设置为 True。

(2) 菜单设置

按表 4-2 为 MDI 窗体设置两级菜单。

表 4-2 MDI 窗体菜单属性表

标 题	名 称	级 数
显示(&S)	mnuShow	1
诗歌欣赏(&P)	mnuPoem	2

续表

标　　题	名　　称	级　　数
日期显示(&D)	mnuDate	2
字效设置(&E)	mnuEffect	1

（3）添加菜单代码

```
Private Sub mnuPoem_Click()  '"诗歌欣赏"菜单
    frmPoem.Show  '显示"诗歌欣赏"子窗体
    frmDate.Hide
    frmEffect.Hide
End Sub


Private Sub mnuDate_Click()  '"日期显示"菜单
    frmDate.Show  '显示"日期显示"子窗体
    frmPoem.Hide
    frmEffect.Hide
End Sub


Private Sub mnuEffect_Click()  '"字效设置"菜单
    frmEffect.Show  '显示"字效设置"子窗体
    frmPoem.Hide
    frmDate.Hide
End Sub
```

（4）运行程序并保存文件

运行程序，单击菜单，观察运行结果，将 MDI 窗体保存为 F4-1.frm，三个子窗体分别保存为 F4-1-1.frm（"诗歌欣赏"子窗体）、F4-1-2.frm（"日期显示"子窗体）、F4-1-3.frm（"字效设置"子窗体），工程保存为 P4-1.vbp。

（5）完善三个子窗体

① 按图 4-6 所示，在"诗歌欣赏"子窗体中添加对象，并设置属性，添加如下代码：

```
Private Sub Option1_Click()
    Text1.Text = "《朝发白帝城》" & Chr(13) & Chr(10) & _
        "朝辞白帝彩云间，" & Chr(13) & Chr(10) & _
        "千里江陵一日还。" & Chr(13) & Chr(10) & _
        "两岸猿声啼不住，" & Chr(13) & Chr(10) & _
        "轻舟已过万重山。"
End Sub


Private Sub Option2_Click()
    Text1.Text = "《相思》" & Chr(13) & Chr(10) & _
        "红豆生南国，" & Chr(13) & Chr(10) & _
        "春来发几枝？" & Chr(13) & Chr(10) & _
```

"愿君多采撷，" & Chr(13) & Chr(10) & _
            "此物最相思。"
    End Sub
② 在"日期显示"子窗体中添加一个标签对象，并设置属性，添加如下代码：
    Private Sub Form_Load()
        Label1.Caption = Date
    End Sub
③ 按图4-6所示，在"字效设置"子窗体中添加对象，并设置属性，添加如下代码：
    Private Sub cmdBold_Click() ' "加粗"按钮
        Label1.FontBold = True
    End Sub
    Private Sub cmdItalic_Click() ' "倾斜"按钮
        Label1.FontItalic = True
    End Sub

（6）运行程序并保存文件

运行程序，单击菜单，操作子窗体，观察运行结果，最后单击"保存"按钮将所有文件保存。

实验 4-2

【题目】

运用菜单及工具栏两种方式实现 MDI 子窗体的切换，同时工具栏上的图标按钮提供菜单命令的快捷访问方式，具有显示和背景色两个菜单的功能，运行界面如图 4-7 所示。

图 4-7　MDI 窗体与工具栏

【要求】

（1）具有实验 4-1 的显示菜单功能，同时又可以设置 MDI 窗体的背景色（红或绿）。

（2）运用菜单及工具栏两种方式实现 MDI 子窗体的切换。

（3）设置工具栏图标按钮的菜单命令的快捷访问方式。

【实验步骤】

（1）窗体界面设计

① 添加 MDI 窗体。选择"工程"菜单，单击"添加 MDI 窗体"菜单项，并设置标题为"MDI 窗体与工具栏"。

② 添加现存的子窗体。选择菜单"工程"→"添加窗体",弹出"添加窗体"对话框。选择"现存"选项卡,将实验 4-1 中的"诗歌欣赏"子窗体和日期显示子窗体添加到工程中。

(2) 菜单设置

按表 4-3 为 MDI 窗体设置两级菜单。

表 4-3　MDI 窗体菜单属性表

标　题	名　称	级　数
显示(&S)	mnuShow	1
诗歌欣赏(&P)	mnuPoem	2
日期显示(&D)	mnuDate	2
背景色(&C)	mnuBackColor	1
红色(&R)	mnuRed	2
绿色(&G)	mnuGreen	2

(3) 添加菜单代码

```
Private Sub mnuPoem_Click() ' "诗歌欣赏"菜单
    frmPoem.Show '显示"诗歌欣赏"子窗体
    frmDate.Hide
End Sub

Private Sub mnuDate_Click() '日期显示菜单
    frmDate.Show '显示"日期显示"子窗体
    frmPoem.Hide
End Sub

Private Sub mnuRed_Click() '红色菜单
    MDIForm1.BackColor = RGB(255, 0, 0)
End Sub

Private Sub mnuGreen_Click() '绿色菜单
    MDIForm1.BackColor = RGB(0, 255, 0)
End Sub
```

(4) 添加工具栏和图像列表对象

① 在 MDI 窗体上添加工具栏对象和图像列表对象,添加方法参见预备知识第 4 点。

② 设置图像列表对象属性。参见预备知识第 4 点,在图像列表对象中添加 4 幅图片(可以自行选定图片)。

③ 将图像列表对象绑定到工具栏上。在工具栏属性页设置对话框,选择"通用"选项卡,设置"图像列表"属性为"ImageList1",将 ImageList1 绑定到工具栏上。

④ 进入工具栏属性页设置对话框,选择"按钮"选项卡,插入 5 个按钮,按表 4-4 设置按钮属性,为工具栏按钮设置图像及文字说明。按钮 3 起分隔作用,按钮 4 和按钮 5 为编组按钮,每次两个按钮中只能一个有效,按钮单击后不弹起复原。

表 4-4 图标按钮属性设置表

索 引	标 题	样 式	图 像
1	诗歌	0	1
2	日期	0	2
3		3	
4	红色	2	3
5	绿色	2	4

（5）添加工具栏事件代码

```
Private Sub Toolbar1_ButtonClick(ByVal Button As MSComctlLib.Button)
    '根据工具栏单击按钮的索引值判断执行
    Select Case Button.Index
        Case 1
            frmPoem.Show  '显示"诗歌欣赏"子窗体
            frmDate.Hide
        Case 2
            frmDate.Show  '显示"日期显示"子窗体
            frmPoem.Hide
        Case 4
            MDIForm1.BackColor = RGB(255, 0, 0)
        Case 5
            MDIForm1.BackColor = RGB(0, 255, 0)
    End Select
End Sub
```

（6）运行程序并保存文件

运行程序，单击菜单和工具栏，观察运行结果，将 MDI 窗体保存为 F4-2.frm，两个子窗体分别另存为 F4-2-1.frm（"诗歌欣赏"子窗体）和 F4-2-2.frm（"日期显示"子窗体），工程保存为 P4-2.vbp。

实验 4-3

【题目】

设计一个窗体，窗体具有字体效果设置和文本处理功能，如加粗、倾斜、文本居中、文本居右等功能。采用工具栏图标按钮方式进行字体效果设置和文本处理功能的快捷调用。

【要求】

（1）合理设计工具栏按钮的样式。

（2）实现图标按钮倾斜、加粗、居中等功能。

【分析】

字体的加粗、倾斜、加下划线这三个功能可以同时有效，而文本的居中、居左、居右只能一个有效，所以设置字体效果三个按钮样式为开关按钮，文本效果三个按钮样式为编组按钮。两类按钮之间用分隔按钮隔开。运行界面如图 4-8 所示，图中字体效果为倾斜并加下划线,文本效果为居中。

图 4-8 设置字体效果和文本处理

【实验步骤】

略。完成后将窗体保存为 F4-3.frm,工程保存为 P4-3.vbp。

实验 5

分支结构程序设计

一、目的和要求

（1）掌握常量、变量的定义和使用。
（2）掌握数据类型的表示及相互转换。
（3）进一步掌握各种标准函数的使用。
（4）掌握数据输入的方法及运算表达式的书写。
（5）掌握顺序结构和分支结构的程序设计方法。

二、预备知识

分支结构，又称选择结构，是指程序在运行过程中，依据设定的条件表达式的值来选择程序执行的分支。当条件表达式的值为 True 时，就执行某一程序段；反之，则执行另一程序段。这些条件表达式通常是关系表达式或逻辑表达式，也可以是算术表达式，对于算术表达式，按表达式的值非 0 为 True，0 为 False 来判断。

分支结构一般分为三种：单分支、双分支和多分支三种。其书写格式如下：

1. 单分支 If 语句的两种格式

格式 1
```
If <表达式> Then
        <语句块>
End If
```

格式 2
```
If <表达式> Then <语句块>
```

第 1 种格式为多行 If 语句，If 必须与 End If 配对，语句块可由多个语句组成；第 2 种格式为单行 If 语句，If 不需要与 End If 配对，语句块中的语句用 ":" 隔开。

2. 双分支 If 语句的两种格式

格式 1

```
If <表达式> Then
    <语句块 1>
Else
    <语句块 2>
End If
```

格式 2

```
If <表达式> Then <语句块 1> Else <语句块 2>
```

3. 多分支 If 语句的格式

```
If <表达式 1> Then
    <语句块 1>
ElseIf <表达式 2> Then     '注意：ElseIf 之间不能有空格
    <语句块 2>
…
ElseIf <表达式 n> Then
    <语句块 n>
[ Else
    <语句块 n+1> ]
End If
```

当 If 结构内有多个条件为 True 时，VB 仅执行第一个为 True 的条件下的语句块，然后跳出 If 结构。

除了以上三种形式的分支结构，VB 还提供了 If 语句的嵌套和 Select Case 等格式的分支结构。

4. If 语句的嵌套格式和使用

```
If <表达式 1> Then
    …
    If <表达式 n> Then
        …
    [ Else
        …
        … ]
    End If
    …
[ Else
    …
    … ]
End If
```

5. Select Case 语句的使用

```
Select Case <表达式>
    Case <值 1>
        <语句块 1>
    Case <值 2>
        <语句块 2>
    ...
    Case <值 n>
        <语句块 n>
    [Case Else
        <语句块 n+1>]
End Select
```

6. 常用条件判断函数

IIf (<条件表达式>,X,Y)

当条件为 True 时，返回 X，当条件为 False 时，返回 Y。

Choose (<数字类型变量>,X1,X2,…,Xn)

当变量值为 1 时返回 X1，当变量值为 2 时返回 X2，……，当变量值为 n 时返回 Xn。

Switch (<条件表达式 1>, X1 [,<条件表达式 2>, X2,…])

当条件表达式 1 为 True 时返回 X1，当条件表达式 2 为 True 时返回 X2，……。

三、实验内容

实验 5-1

【题目】

任意输入两个数据，分别求出两数据的平方和与立方和，运行界面如图 5-1 所示。

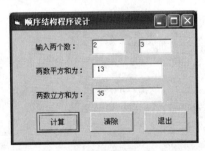

图 5-1 计算两数平方和与立方和

【要求】

选择适当的数据类型来存放数据，允许用户输入小数、负数等多种数据。

【分析】

本题中通过文本框获取用户输入的数据，文本框的 Text 属性为字符型，所以在计算时，应使用 Val 函数进行转换。

【实验步骤】

略。完成后将窗体保存为 F5-1.frm，工程保存为 P5-1.vbp。

实验 5-2

【题目】

判断一个整数的奇偶性。在文本框中输入一个整数，判断该数的奇偶性，将结果显示在标签中，如图 5-2 所示。

【分析】

判断一个数的奇偶性，有以下两种方法：

（1）使用 Mod 运算符对 2 取余，余数为 0 则为偶数；反之则为奇数。

（2）用输入数分别对 2 进行除和整除运算，两次运算结果相等，则说明该数为 2 的倍数；反之则不然。

【实验步骤】

（1）窗体界面设计

按图 5-2 所示设计界面，程序由文本框接受输入的数据，判断结果显示在标签 Label2 中，其 BorderStyle 属性设置为 1-Fixed Single。

图 5-2　判断数的奇偶性

（2）添加程序代码

```
Option Explicit
Private Sub cmdOk_Click()  ' "判断" 按钮
    Dim a As Integer
    a = Val(Text1.Text)  '变量 a 存放输入的数据
    If a Mod 2 = 0 Then  '第 2 种判别方法：If a/2=a\2 Then
        Label2.Caption = "该数是偶数"
    Else
        Label2.Caption = "该数是奇数"
    End If
End Sub
```

```
        Private Sub cmdClear_Click() ' "清除"按钮
            Text1.Text = ""
            Label2.Caption = ""
            Text1.SetFocus
        End Sub

        Private Sub cmdExit_Click() ' "退出"按钮
            End
        End Sub
```

（3）运行程序并保存文件

运行程序，观察运行结果，最后将窗体保存为 F5-2.frm，工程保存为 P5-2.vbp。

实验 5-3

【题目】

判断两个数的大小，找出较大的数。使用 InputBox 函数接收用户输入两个数，然后判断两数大小，将较大的数用 MsgBox 函数显示出来，如图 5-3 所示。

图 5-3　判断两个数的大小

【实验步骤】

略。完成后将窗体保存为 F5-3.frm，工程保存为 P5-3.vbp。

实验 5-4

【题目】

计算学生奖学金等级。以语文、数学、英语三门功课的成绩为评奖依据。奖学金分为一等、二等、三等三个等级，评奖标准如下：

（1）符合下列条件之一的可获得一等奖学金：
- 3 门功课总分在 285 分以上；
- 有两门功课成绩是 100 分，且第三门功课成绩不低于 80 分。

（2）符合下列条件之一的可获得二等奖学金：
- 3 门功课总分在 270 分以上；
- 有一门功课成绩是 100 分，且其他两门功课成绩不低于 75 分。

（3）各门功课成绩不低于 70 分者，可获得三等奖学金。

【要求】

采用多分支 If 语句结构，符合条件者就高不就低，不能重复获得奖学金，只获得较高等奖学金。

【分析】

本题一共有五个评奖条件,每个条件之间又存在一定的逻辑关系。例如,第一、二个条件之间是"逻辑或"的关系,可以用逻辑运算符"Or"连接。而每个条件又由多个小条件构成,可使用 a、b、c 三个变量分别存放学生的语文、数学、英语成绩。一等奖学金的评奖条件,条件 1 的逻辑表达式为

    (a + b + c) > 285

条件 2 的逻辑表达式为

    (a = 100 And b = 100 And c >= 80) Or (a = 100 And b >= 80 And c = 100) _
    Or (a >= 80 And b= 100 And c = 100)

【实验步骤】

(1)窗体界面设计

按图 5-4 所示设计窗体界面,通过三个文本框获取学生成绩,再将判断结果显示在标签 Label4 中,注意 Label4 的边框样式属性的设置。

图 5-4 奖学金评定

(2)添加程序代码

```
Private Sub Command1_Click()
    Dim a As Single, b As Single, c As Single
    Rem a,b,c 分别存放学生的语文、数学、英语成绩
    Dim Cont1 As Boolean, Cont2 As Boolean, Cont3 As Boolean
    Dim Cont4 As Boolean, Cont5 As Boolean
    Rem 运用 Cont1、Cont2 等 5 个逻辑型变量存放奖学金评定的 5 个条件
    a = Val(txtYuW): b = Val(txtShuX): c = Val(txtYingY)
    Cont1 = (a + b + c) > 285
    Cont2 = (a = 100 And b = 100 And c >= 80) Or (a = 100 And b >= 80 And c = 100) _
        Or (a >= 80 And b = 100 And c = 100)
    Cont3 = (a + b + c) > 270
    Cont4 = (a = 100 And b >= 75 And c >= 75) Or (a = 100 And b >= 75 And c = 100) _
        Or (a >= 75 And b = 100 And c >= 75)
    Cont5 = a >= 70 And b >= 70 And c >= 70
    If Cont1 Or Cont2 Then '条件 1 和条件 2 只要满足其中之一即可获得一等奖学金
        Label4.Caption = "奖学金等级为:一等奖学金"
    ElseIf Cont3 Or Cont4 Then
```

```
                Label4.Caption = "奖学金等级为：二等奖学金"
            ElseIf Cont5 Then
                Label4.Caption = "奖学金等级为：三等奖学金"
            Else
                Label4.Caption = "不能获得奖学金"
            End If
    End Sub

    Private Sub Command2_Click()
        End
    End Sub
```

（3）运行程序并保存文件

运行程序，输入学生的语文、数学和英语成绩，观察运行结果，最后将窗体保存为 F5-4.frm，工程保存为 P5-4.vbp。

实验 5-5

【题目】

计算商品打折后的价格。某商场正进行促销活动，根据商品价格 x 的多少享受一定的折扣优惠。优惠条件如下：

$$y = \begin{cases} x & x < 100 \\ 0.9x & 100 \leqslant x < 200 \\ 0.8x & 200 \leqslant x < 500 \\ 0.7x & x \geqslant 500 \end{cases}$$

【要求】

根据商品价格计算出商品的折扣价，并显示在标签中。

【分析】

本题是根据商品价格选择应该享受的折扣，是一个典型的多分支结构情况。本题可以用 If-Then-ElseIf 结构，也可以使用 Select Case 结构。

【实验步骤】

（1）窗体界面设计

在窗体上放置一个文本框对象，两个标签对象和三个命令按钮对象，如图 5-5 所示。各对象的名称请参照提供的程序代码来设置，其他属性请参照图 5-5 所示设置。

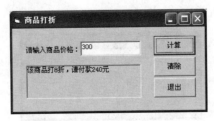

图 5-5 计算商品折扣价

（2）添加程序代码

```
Option Explicit
Private Sub cmdCount_Click() ' "计算"按钮
    Dim x As Single 'x 存放价格
    x = Val(Text1.Text)
    Select Case x
        Case Is < 100
            Label2.Caption = "该商品不打折，请付款" & x & "元"
        Case Is < 200
            Label2.Caption = "该商品打 9 折，请付款" & 0.9 * x & "元"
        Case Is < 500
            Label2.Caption = "该商品打 8 折，请付款" & 0.8 * x & "元"
        Case Else
            Label2.Caption = "该商品打 7 折，请付款" & 0.7 * x & "元"
    End Select
End Sub

Private Sub cmdClear_Click() ' "清除"按钮
    Text1.Text = ""
    Label2.Caption = ""
End Sub

Private Sub cmdExit_Click() ' "退出"按钮
    End
End Sub
```

（3）运行程序并保存文件

运行程序，输入商品价格，观察运行结果，最后将窗体保存为 F5-5.frm，工程保存为 P5-5.vbp。

实验 5-6

【题目】

输入学生成绩（百分制），判断该成绩的等级（优秀、良好、中等、及格、不及格）。

【要求】

用户从"成绩"文本框中输入学生成绩，单击"判断"按钮后，经判断得到等级并显示在标签 Label2 上，如图 5-6 所示。

图 5-6 判定成绩等级

【分析】

此题也是一个多分支结构，可采用 If-Then-ElseIf 结构或 Select Case 结构。在进行成绩等级换算时，要注意排除用户输入的错误，如输入负数或输入非数字字符等情况。当输入错误时调用 MsgBox 函数显示相应的提示信息。

【实验步骤】

略。完成后将窗体保存为 F5-6.frm，工程保存为 P5-6.vbp。

实验 5-7

【题目】

输入一个年份，判断该年是否是闰年。

【分析】

凡不能被 100 整除但能被 4 整除的年份是闰年；凡是能被 100 整除又能被 400 整除的年份也是闰年；其余年份是平年。

【实验步骤】

略。完成后将窗体保存为 F5-7.frm，工程保存为 P5-7.vbp。

实验 6

循环结构程序设计

一、目的和要求

（1）掌握 For/Next 和 Do/Loop 语句的基本语法和执行过程。
（2）掌握累加、累乘基本算法的应用。
（3）掌握穷举法的应用。
（4）掌握用文本框输出程序运行结果的方法。

二、预备知识

1. For/Next 循环语句

在 Visual Basic 中实现循环结构最常用的两种循环语句是 For/Next 循环语句和 Do/Loop 循环语句。在循环次数已知的情况下，常使用 For/Next 循环语句，其格式如下：

```
For <循环控制变量> = <初值> To <终值> [Step<步长>]
    循环体语句
    [ Exit For ]
    循环体语句
Next [<循环控制变量>]
```

说明：

（1）在循环体内对循环控制变量可以多次引用，但不要对其赋值，否则会影响原来的循环控制规律。

（2）For/Next 循环语句在<初值> = <终值>，并且<步长>为非零时，循环将执行一次；在如下情况时，循环不会执行。

- 初值 > 终值 ，并且<步长>为零或正数。
- 初值 < 终值 ，并且<步长>为负数。

特别值得注意的是，对于 For/Next 循环语句来说，一旦进入循环，其"终值"和"步长"不会再改变。例如，在下面的程序段中，循环的"终值"和"步长"是由变量 j 和 k 的值决定的。虽然在循环体中改变了这两个变量的值，但是并不会影响循环次数（10 次），"终值"和"步长"仍然是进入循环时两个变量的值，分别是 10 和 1。

```
Dim i As Integer, j As Integer, k As Integer
j = 10 : k = 1
For i = 1 To j Step k
    Print i
    j = j - 1
    k = k + 1
Next i
Print j, k
```

2. Do/Loop 循环语句

在循环次数未知时，常使用 Do/Loop 循环语句，其一般形式如下：

第一种形式：

```
Do While <条件>
    循环体语句
    [Exit Do]
    循环体语句
Loop
```

第二种形式：

```
Do Until <条件>
    循环体语句
    [Exit Do]
    循环体语句
Loop
```

第三种形式：

```
Do
    循环体语句
    [Exit Do]
    循环体语句
Loop While <条件>
```

第四种形式：

```
Do
    循环体语句
    [Exit Do]
    循环体语句
Loop Until <条件>
```

（1）在前面两种形式中，逻辑判断是在每一次循环的开始处进行的，所以有可能一次循环都不执行。在后面两种形式中，直到每次循环结束

> 时，才进行逻辑判断，因此，至少可以执行一次循环。
> （2）While <条件>，当条件成立时执行循环；Until <条件>，当条件成立时跳出循环。

3. Exit Do 语句和 Exit For 语句

Exit Do 语句可以放置在 Do/Loop 循环语句的循环体中，Exit For 语句可以放置在 For/Next 循环语句的循环体中。执行到 Exit Do 或 Exit For 时，程序会立即结束循环，跳到 Loop 或 Next 后面执行下面的语句。如果在运行时发生了"死循环"，可以使用<Ctrl + Break>组合键进入中断状态进行修改。

三、实验内容

实验 6-1

【题目】
随机产生并显示 10 个 1～10 之间的整数，分别求出其中的所有奇数之和和偶数之积。

【要求】
利用 For/Next、Do/Loop 两种循环语句加以实现。

【分析】
（1）为了产生某个范围内的随机整数，可以使用如下公式：

> Int((UpperBound - LowerBound + 1) * Rnd + LowerBound)

其中，UpperBound 为随机整数范围的上限，而 LowerBound 则为随机整数范围的下限。根据此公式，如果要生成 1～10 之间的随机整数，使用 Int((10 – 1 + 1) * Rnd + 1)这个算术表达式即可。

（2）累加定式

> 累加器 Sum = 0
> [语句序列]
> Sum = Sum + 累加项

其中，Sum 为累加值。

（3）累乘定式

> Item = 1
> [语句序列]
> Item = Item * 累乘项

其中，Item 为累乘结果。

【实验步骤】
（1）窗体设计
在窗体上放置四个 Label 对象、四个 PictureBox 对象和四个 CommandButton 对象，具体布局如图 6-1 所示。

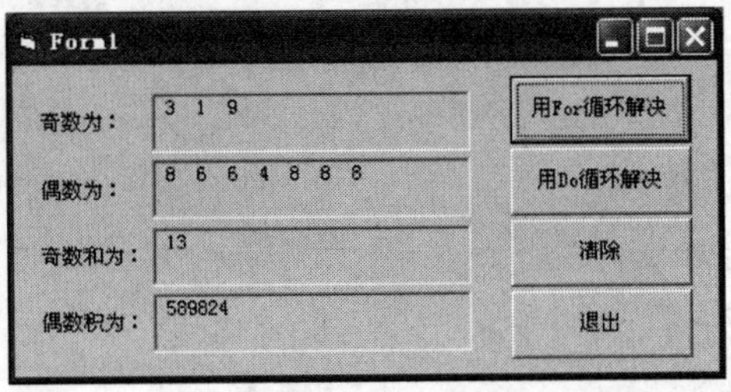

图 6-1 用 For 循环和 Do 循环求奇数和与偶数积

（2）属性设置（见表 6-1）

表 6-1 求奇数和与偶数积的属性设置表

对 象	属性名称	属性值
标签 1	Caption	奇数为：
	AutoSize	True
标签 2	Caption	偶数为：
	AutoSize	True
标签 3	Caption	奇数和为：
	AutoSize	True
标签 4	Caption	偶数积为：
	AutoSize	True
图片框 1	Name	pctJs
图片框 2	Name	pctOs
图片框 3	Name	pctJsh
图片框 4	Name	pctOsj
命令按钮 1	Name	cmdFor
	Caption	用 For 循环解决
命令按钮 2	Name	cmdDo
	Caption	用 Do 循环解决
命令按钮 3	Name	cmdCls
	Caption	清除
命令按钮 4	Name	cmdExit
	Caption	退出

（3）完善程序代码

```
Option Explicit
Private Sub cmdCls_Click()
    pctJs.Cls
    pctOs.Cls
    pctJsh.Cls
    pctOsj.Cls
End Sub
```

```
Private Sub cmdExit_Click()
    Unload Me
End Sub


Private Sub cmdDo_Click()
    Dim i As Integer, jsh As Integer, osj As Long, Temp As Integer
    jsh = 0
    osj = 1
    i = _____
    Do While i <= 10
        Temp = _____
        If Temp Mod 2 = 0 Then
            pctOs.Print Temp;
            osj = osj * Temp
        Else
            pctJs.Print Temp;
            jsh = jsh + Temp
        End If
        i = _____
    Loop
    pctJsh.Print jsh
    pctOsj.Print osj
End Sub


Private Sub cmdFor_Click()
    Dim i As Integer, jsh As Integer, osj As Long, Temp As Integer
    jsh = _____
    osj = _____
    For i = 1 To 10
        Temp = Int((10 - 1 + 1) * Rnd + 1)
        If Temp Mod 2 = 0 Then
            pctOs.Print Temp;
            osj = osj * Temp
        Else
            pctJs.Print Temp;
            jsh = jsh + Temp
        End If
    Next i
```

```
            pctJsh.Print jsh
            pctOsj.Print osj
    End Sub
```

（4）运行程序并保存文件

运行程序，观察程序运行结果，最后将窗体文件保存为 F6-1.frm，工程文件保存为 P6-1.vbp。

实验 6-2

【题目】

编写一个歌唱比赛统计选手得分的程序。

【要求】

（1）单击"评委给分"按钮，则利用键盘输入 10 个 0~100 分之间的整数，同时显示在文本框中（每行显示 5 个）。

（2）单击"最后得分"按钮，则计算选手的最后得分。选手的最后得分计算方法为：在评委的给分中，去掉一个最高分和一个最低分，最后计算平均分。

【分析】

（1）要找出 10 个数的最大值和最小值，可以先假设第一个输入的数据为最大和最小，将其分别赋给变量 maxValue 和 minValue，然后依次与以后输入的其他 9 个数据逐一进行比较，如果比 maxValue 大，则将之赋给 maxValue，如果比 minValue 小，则将之赋给 minValue，输入数据完毕时，即可得到 10 个数中的最大值和最小值。

（2）在文本框中显示多项数据，需要先把各数据逐个连接在一起。如果将变量 a 中的内容连接到文本框 Text1 现有内容的后面，可使用 Text1.Text = Text1.Text & a 实现。

有时为了使显示效果美观，经常需要进行换行处理。如果每显示一项换行，可使用 Text1.Text = Text1.Text & a & Chr(13) & Chr(10)。如果每显示 5 项后换行，可以使用如下程序段：

```
n = 0
For a = k To w
    Text1.Text = Text1.Text & a          '连接一项
    n = n + 1                            '每连接一项，累加项数
    If n Mod 5 = 0 Then                  '如果已经连接的项数为 5 的倍数，则换行
        Text1.Text = Text1.Text & Chr(13) & Chr(10)
    End If
Next a
```

【实验步骤】

（1）窗体设计

在窗体上放置四个 Label 对象、四个 TextBox 对象和四个 CommandButton 对象，具体布局如图 6-2 所示。

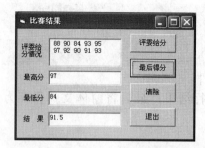

图 6-2 比赛结果程序界面

（2）属性设置（见表 6-2）

表 6-2 选手得分属性设置

对 象	属 性 名 称	属 性 值
窗体	Caption	比赛结果
标签 1	Caption	评委给分情况
标签 2	Caption	最高分
标签 3	Caption	最低分
标签 4	Caption	结果
文本框 1	Name	txtScore
	Text	空
	MultiLine	True
文本框 2	Name	txtMax
	Text	空
文本框 3	Name	txtMin
	Text	空
文本框 4	Name	txtResult
	Text	空
命令按钮 1	Name	cmdScore
	Caption	评委给分
命令按钮 2	Name	cmdResult
	Caption	最后得分
命令按钮 3	Name	cmdClear
	Caption	清除
命令按钮 4	Name	cmdExit
	Caption	退出

（3）完善程序代码

```
Option Explicit
Dim maxValue As Integer, minValue As Integer, Sum As Integer
Private Sub cmdClear_Click()
    txtScore.Text = ""  '清空文本框 txtScore
    txtMax.Text = ""
```

```
        txtMin.Text = ""
        txtResult.Text = ""
        _____ '光标定位于文本框 txtScore
End Sub

Private Sub cmdExit_Click()
        Unload Me '从内存中卸载本窗体，结束运行
End Sub

Private Sub cmdResult_Click()
        Dim avgValue As Single
        txtMax.Text = maxValue
        txtMin.Text = minValue
        avgValue = _____ '计算选手最后得分
        txtResult.Text = CStr(avgValue)
End Sub

Private Sub cmdScore_Click()
        Dim Value As Integer, i As Integer, Count As Integer
        Value = InputBox("请输入第 1 位评委给分", "评委给分")
        txtScore.Text = txtScore.Text & Str(Value)
        maxValue = Value
        minValue = Value
        Sum = _____
        Count = 1
        For i = 2 To 10
            Value = InputBox("请输入第" & i & "位评委给分", "评委给分")
            txtScore.Text = txtScore.Text & Str(Value)
            Count = Count + 1
            If _____ Then
                txtScore.Text = txtScore.Text & Chr(13) & Chr(10)
            End If
            If maxValue < Value Then
                maxValue = Value
            End If
            If minValue > Value Then
                minValue = Value
            End If
            Sum = _____
        Next i
End Sub
```

（4）运行程序并保存文件

运行程序，观察程序运行结果，最后将窗体文件保存为 F6-2.frm，工程文件保存为 P6-2.vbp。

实验 6-3

【题目】

求水仙花数。水仙花数是指这样的三位整数，它各位数字的立方和恰好等于该数本身。例如，$153=1^3+5^3+3^3$。编程将所有的水仙花数显示在窗体上，并在文本框中显示个数。

【分析】

（1）用循环语句列出 100～999 之间的整数 i（穷举法）。

（2）将 i 分解成个、十、百位（利用除法、求余的方法）。

（3）判断 i 是否等于其个位、十位和百位三个数的立方和，若是则输出。

【实验步骤】

（1）创建窗体并设置属性

创建窗体并设置属性，如图 6-3 所示。

图 6-3 求水仙花数界面

（2）完善程序代码

```
Option Explicit
Private Sub Command1_Click()
    Dim i As Integer, n As Integer
    Dim a As Integer, b As Integer, c As Integer
    n = 0
    For i = 100 To 999
        a = _____ '得到百位上的数字
        b = _____ '得到十位上的数字
        c = _____ '得到个位上的数字
        If i = a ^ 3 + b ^ 3 + c ^ 3 Then '判断是否为水仙花数
            n = n + 1 '记录个数
            Print i '显示水仙花数
        End If
    Next i
    Text1.Text = n '显示个数
End Sub
```

（3）运行程序并保存文件

运行程序，观察程序运行结果，最后将窗体文件保存为 F6-3.frm，工程文件保存为 P6-3.vbp。

实验 6-4

【题目】

求级数和。编程求下列级数的和，最后一项的值不小于 0.000001。

$$S = 1 + \frac{X}{1!} + \frac{X^2}{2!} + \frac{X^3}{3!} + \cdots + \frac{X^n}{n!}$$

【分析】

从上面的求和展开式中可以看出，相邻两项之间存在着如下关系：

$$\frac{X^k}{k!} = \frac{X^{k-1}}{(k-1)!} \times \frac{X}{k}$$

利用循环可以求出 S 的近似值。

【实验步骤】

（1）创建窗体并设置属性

创建窗体并设置属性，如图 6-4 所示。

图 6-4　求级数和

（2）完善程序代码

```
Option Explicit
Private Sub Command1_Click() ' "求解"按钮
    Dim k As Integer
    Dim X As Single, s As Single
    Dim t As Single
    X = Val(Text1)
    t = 1
    s = 1
    Do
        k = k + 1  '项数
        t = _____  '求第 k 项
```

```
            If Abs(t) < 10 ^ (-6) Then
                Exit Do
            End If
            s = s + t '求级数和
        Loop
        Text2 = s
End Sub

Private Sub Command2_Click() ' "重新输入" 按钮
    Text1 = ""
    Text2 = ""
    Text1.SetFocus
End Sub

Private Sub Command3_Click() ' "退出" 按钮
    Unload Me
End Sub
```

（3）运行程序并保存文件

运行程序，观察程序运行结果，最后将窗体文件保存为 F6-4.frm，工程文件保存为 P6-4.vbp。

实验 7

多重循环程序设计

一、目的和要求

（1）掌握多重循环的规则和程序设计方法。
（2）学会如何控制循环条件，防止死循环或不循环。
（3）理解穷举法的解题思路。

二、预备知识

通常，把循环体内不再包含其他循环的循环结构称为单层循环。在处理某些问题时，常常要在循环体内再进行循环操作，这种情况称为多重循环，又称为循环的嵌套，如二重循环、三重循环等。

多重循环的执行过程是外层循环每执行一次，内层循环就要从头开始执行一轮，例如

```
For i = 1 To 9
    For j = 1 To 9
        Print i * j
    Next j
    Print
Next i
```

在以上的双重循环中，外层循环变量 i 取 1 时，内层循环就要执行 9 次；接着，外层循环变量 i 取 2，内层循环同样要重新执行 9 次，……。所以，循环共执行了 9×9 次，共 81 次。

应用循环嵌套编程时应注意（见图 7-1）：
（1）内、外循环的循环控制变量不能同名。
（2）内层控制结构必须完全位于外层的一个语句块中。

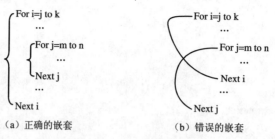

图 7-1　嵌套示意

（3）程序可以从循环体内转到循环体外，但不能从循环体外转到循环体内，也不能从一个内循环转到另一个与之并列的循环体内。

（4）为了便于阅读与排错，内层的控制结构应向右缩进。

Exit Do 语句用于强制结束 Do 循环，当有多个 Do 循环嵌套时，只跳出该语句所在的最内层循环并执行对应 Loop 之后的语句。同理，Exit For 语句用于强制结束 For 循环，当有多个 For 循环嵌套时，只跳出该语句所在的最内层循环并执行对应 Next 之后的语句，参见图 7-2。

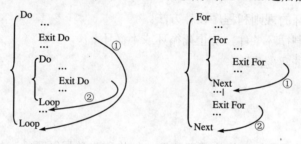

图 7-2　Exit Do 语句和 Exit For 语句作用演示图

当 Do 循环与 For 循环嵌套使用时，如果 Exit Do 语句处于 Do 循环中的一个 For 循环中，Exit Do 语句使程序直接跳出 Do 循环。同理，如果 Exit For 处于一个 For 循环内的 Do 循环中，程序直接跳出 For 循环，参见图 7-3。

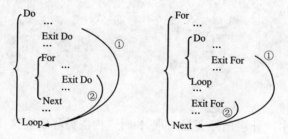

图 7-3　Exit Do 语句和 Exit For 语句在循环嵌套中的作用

三、实验内容

实验 7-1

【题目】

用二重循环实现求 $S = 1 +(1×2)+(1×2×3)+ \cdots +(1×2× \cdots ×n)$ 的和。

【分析】

（1）用一个循环计算括号内表达式的值（计算 k!），并赋给 P。

```
P = 1
For j = 1 To k
    P = P * j
Next j
```

（2）用一个循环求出整个表达式的和，并将其赋给 S。

```
S = 0
For i = 1 To n
    S = S + P
Next i
```

从上面分析中，可以看到第一个循环里的 k 其实就是第二个循环的 i 值。所以可以用循环嵌套解决此问题。

【实验步骤】

（1）创建窗体并设置属性

创建窗体并设置属性，如图 7-4 所示。

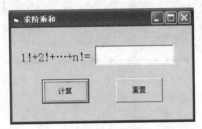

图 7-4 求阶乘和

（2）完善程序代码

```
Option Explicit
Private Sub Command1_Click()
    Dim S As Long, P As Long, i As Integer, j As Integer, n As Integer
    n = Val(InputBox("请输入 n 的值:", "求阶乘和"))
    S = 0
    For i = 1 To n
        '在循环中填写一段程序


        _____
    Next i
    Text1.Text = S
End Sub

Private Sub Command2_Click()
```

```
            Text1.Text = ""
        End Sub
```

（3）运行程序并保存文件

运行程序，观察程序运行结果，最后将窗体文件保存为 F7-1.frm，工程文件保存为 P7-1.vbp。

（4）修改程序代码

将计算式改为 S = 1 +(1 + 2)+(1 + 2 + 3)+ … +(1 + 2 + … + n)，试修改程序代码。

实验 7-2

【题目】

求素数。编写程序，输出 100～300 之间的所有素数，要求按 5 个一行输出在图片框中，如图 7-5 所示。

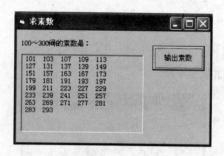

图 7-5 求素数

【分析】

素数（质数）就是大于等于 2，并且只能被 1 和本身整除，不能被其他整数整除的整数，如 2、3、5、7、11 等。

判断某数 m 是否是素数的经典算法是：对于 m，从 i = 2，3，4，…，m–1 依次判别能否被 i 整除，只要有一个能整除，m 就不是素数，否则 m 是素数。

数学上已证明，对于任一素数 m，一定不能被大于 Int(Sqr(m))的整数整除，所以只要判断到 m 能否被 Int(Sqr(m))整除即可。

在本题中，为了找出 100～300 之间所有的素数，先设置一个外循环，循环变量 m 即为判断的数，然后设置一个内循环，用于判断素数。为了判断素数，程序中引入两个变量 i 和 Flag。i 从 2 变化到 Int(Sqr(m))，用于控制循环次数，如果 m 不能被 i 整除，则 i = i + 1；如果在本次循环中 m 能被 i 整除，则将 Flag 设置为 0，并且退出内循环。Flag 用做标志变量，如果 m 始终不能被 i 整除，则 Flag 不变化，即 Flag = 1 时，m 为素数。

【实验步骤】

（1）窗体设计

在窗体上放置 Label、CommandButton 和 PictureBox 对象各 1 个，具体布局如图 7-5 所示。

（2）完善程序代码

```
        Option Explicit
        Private Sub Command1_Click()
```

```
            Dim m    As Integer, Flag As Integer
            Dim i As Integer, j As Integer, k As Integer
            Picture1.Cls
            For m = 100 To 300
                    k = Int(Sqr(m))
                    i = 2
                    Flag = 1
                    Do While _____
                        If m Mod i = 0 Then
                            Flag = 0
                            Exit Do
                        End If
                        i = i + 1
                    Loop
                    If Flag = 1 Then
                        j = _____
                        Picture1.Print m;
                        If j Mod 5 = 0 Then
                            _____     '换行
                        End If
                    End If
            Next m
        End Sub
```

（3）运行程序并保存文件

运行程序，观察程序运行结果，最后将窗体文件保存为 F7-2.frm，工程文件保存为 P7-2.vbp。

实验 7-3

【题目】

图形显示。用二重循环实现各种图形的输出。

【分析】

平面空间的图形输出，常用二重循环来实现，外循环的循环次数控制行数，内循环的循环次数控制列数，即一行中图形的个数。

【实验步骤】

（1）窗体设计和属性设置

在窗体上放置一个 PictureBox 对象、一个 CommandButton 对象、一个 Frame 对象和五个 OptionButton 对象，具体布局如图 7-6 所示。

图 7-6 图形显示

（2）完善程序代码

```
Option Explicit
Dim i As Integer, j As Integer
Private Sub Command1_Click()
    _____ '清除图片框
    If Option1.Value = True Then '显示矩形
        For i = 1 To 6
            For j = 1 To 10
                Picture1.Print "■";
            Next j
            Picture1.Print
        Next i
    ElseIf Option2.Value = True Then '显示平行四边形
        For i = 1 To 6
            Picture1.Print Space(2 * i - 2);
            For j = 1 To 10
                Picture1.Print "■";
            Next j
            Picture1.Print
        Next i
    ElseIf Option3.Value = True Then '显示直角三角形
        For i = 1 To 8
            For j = 1 To _____ '每行显示 i 个小三角形
                Picture1.Print "▲";
            Next j
            Picture1.Print
        Next i
    ElseIf Option4.Value = True Then '显示等腰三角形
        For i = 1 To 7
            Picture1.Print Space(14 - 2 * i);
            For j = 1 To 2 * i - 1
```

```
                    Picture1.Print "▲";
                Next j
                Picture1.Print
            Next i
        ElseIf Option5.Value = True Then '显示菱形
            For i = -5 To 5
                _____
                For j = 1 To 11 - 2 * Abs(i)
                    Picture1.Print "◆";
                Next j
                Picture1.Print
            Next i
        End If
    End Sub
```

（3）运行程序并保存文件

运行程序，观察程序运行结果，最后将窗体文件保存为 F7-3.frm，工程文件保存为 P7-3.vbp。

实验 7-4

【题目】

张三有一个 E-Mail 邮箱的密码是 5 位数，但由于有一段日子不使用此邮箱，他忘记了密码。张三的生日是 5 月 1 日，他父亲的生日是 9 月 1 日，他特别喜欢把同时是 51 和 91 的倍数用做密码。此外，张三还记得这个密码的中间一位（百位数）是 1。请设计一个程序找回这个密码。

【分析】

本问题的数学模型是：求出一个 5 位数，它的百位是 1，而且它能同时被 51 和 91 整除。该问题适合用穷举法（枚举法）进行求解。

穷举法的基本思想路是：一一列举出各种可能的情况，逐个判断有哪些是符合条件的解。

穷举法模式：
- 问题解的可能搜索的范围，循环或循环嵌套结构实现。
- 写出符合问题解的条件。
- 能使程序优化的语句，以便缩小搜索范围，减少程序运行时间。

就本题而言，由于密码有 4 位数字是未知的，把各位数字都对所有可能性演变一次（最高位是 1~9，其余各位都是 0~9），就可以把可能的情况穷举完。再把各位数字合成一个 5 位数，判断是否同时被 51 和 91 整除。

【实验步骤】

（1）窗体设计和属性设置

在窗体上放置一个 Frame 对象，一个 TextBox 对象（MultiLine 属性设置为 True）和两个 CommandButton 对象，具体布局如图 7-7 所示。

图 7-7 找密码

（2）完善程序代码

```
Option Explicit
Private Sub Command1_Click()
    Dim a1 As Long, a2 As Integer, a3 As Integer, a4 As Integer, a5 As Integer
    Dim d As Long
    a3 = 1 'a3 是密码百位上的数字
    For _____ 'a1 是密码万位上的数字
        For a2 = 0 To 9 'a2 是密码千位上的数字
            For a4 = 0 To 9 'a4 是密码十位上的数字
                For a5 = 0 To 9 'a5 是密码个位上的数字
                    d = _____ 'd 是合成后的 5 位数
                    If _____ Then Text1 = Text1 & d & vbCrLf
                Next a5
            Next a4
        Next a2
    Next a1
End Sub

Private Sub Command2_Click()
    End
End Sub
```

（3）运行程序并保存文件

运行程序，观察程序运行结果，最后将窗体文件保存为 F7-4.frm，工程文件保存为 P7-4.vbp。

（4）思考

将前面给出的方法反其道而行之。5 位数的范围是 10000～99999，在此范围内穷举，并对每一个数分解出它的百位数字检验它是否为 1，然后判断此 5 位数是否同时被 51 和 91 整除，请编程实现。

实验 8

数组及其应用

一、目的和要求

（1）掌握固定数组的定义方法。
（2）掌握固定数组的使用方法。
（3）学会利用固定数组解决一些较为复杂的问题。

二、预备知识

1．数组的基本概念

数组是一组具有相同名称和类型的变量的集合，在程序中可以用一个数组名代表逻辑上相关的一组数据。在 Visual Basic 中有两种类型的数组：固定大小的数组以及在运行时大小可变的动态数组，有时也称这两种数组为定长数组和可变长数组。数组必须先声明后使用。

2．固定数组的声明

固定大小数组的声明形式如下：

　　　　Dim <数组名>(<下标 1> [,<下标 2>,…]) [As <数据类型>]

其中，下标必须是常数，格式为[<下界> To] <上界>，省略下界时，默认值为 0；省略 As <数据类型>时，系统认为是变体数组。

3．数组的遍历

数组在声明时是一个整体，在使用时必须以数组元素为单位，通常用循环遍历每个元素，逐一处理，一维数组用一重循环，二维数组用二重循环，多维数组用多重循环。

4．For Each/Next 循环语句

在处理数组时，For Each/Next 结构是一种使用非常方便的循环机制，特别适用于不清楚数组中究竟有多少元素的场合。For Each/Next 循环可以用来遍历数组中的所有元素并重复执

行一组语句，其格式如下：

> For Each <变量> In <数组名>
>   循环体
> Next [<变量>]

这个结构可以用于固定数组或动态数组。无论在哪种情况下，变量都必须是变体型。

三、实验内容

实验 8-1

【题目】

顺序查找。随机生成 20 个两位正整数，分两行显示在一个文本框中，查找某个数在其中的位置，如图 8-1 所示。

图 8-1　顺序查找

【要求】

（1）用 InputBox 函数输入要查找的数，若找到且不在最后，则显示位置并询问是否继续查找，如图 8-2 所示。若找到且在最后，则显示位置，如图 8-3 所示。

图 8-2　"继续查找"对话框　　　　　图 8-3　"查找"对话框

（2）若没有找到，则显示没有找到的信息。

【实验步骤】

（1）窗体设计

在窗体上放置一个 Frame，一个 TextBox（多行属性设置为 True）和三个 CommandButton 对象，具体布局如图 8-1 所示。

（2）完善程序代码

```
Option Explicit
Option Base 1
Dim a(20) As Integer
Private Sub cmdProduce_Click()   '"生成"按钮
```

```
        Dim i As Integer
        Randomize
        For i = 1 To 20
            a(i) = _____ '随机生成两位正整数
            Text1 = Text1 & Str(a(i))
            If i Mod 10 = 0 Then
                Text1 = Text1 & vbNewLine 'vbNewLine 起换行作用
            End If
        Next i
End Sub

Private Sub cmdFind_Click() ' "查找" 按钮
        Dim i As Integer, Find As Integer
        Dim Info As String, yn As Integer
        Dim Exist As Boolean
        Find = InputBox("请输入要查找的数：", "查找")
        For i = 1 To 20
            If a(i) = Find Then
                Exist = _____
                If i < 20 Then
                    Info = "查找的数" & Find & "在第" & i & "个位置。" _
                        & vbNewLine & "是否要继续往下查找?"
                    yn = MsgBox(Info, vbYesNo + vbQuestion, "继续查找")
                    If yn = vbNo Then
                        _____
                    End If
                Else
                    Info = "查找的数" & Find & "在最后。"
                    MsgBox Info, vbInformation, "查找"
                End If
            End If
        Next i
        If Not Exist Then
            MsgBox "没有找到要查找的数" & Find, vbExclamation, "查找"
        End If
End Sub
Private Sub cmdExit_Click() ' "退出" 按钮
    Unload Me
End Sub
```

（3）运行程序并保存文件

运行程序，观察程序运行结果，最后将窗体文件保存为 F8-1.frm，工程文件保存为 P8-1.vbp。

实验 8-2

【题目】

设有一个二维数组 A(4,3)，试编写程序求出所有数组元素中的最大值、最小值并计算所有元素的平均值。

【要求】

（1）用 InputBox 函数输入二维数组，并在图片框中按标准格式（分区格式）输出，如图 8-4 所示。

（2）输入时利用 InputBox 函数上的提示信息要表明当前输入的是二维数组中的哪一个元素，如图 8-5 所示。

（3）当单击"最大值"（或"最小值"）按钮时用 MsgBox 函数的提示信息表明最大值（或最小值）及其所在位置，如图 8-6 所示。当单击"平均值"按钮时，用 MsgBox 函数的提示信息输出平均值。

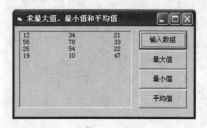
图 8-4 二维数组的输出

图 8-5 二维数组的输入

图 8-6 "最大值"对话框

【分析】

二维数组的输入和输出一般利用二重循环实现，外循环控制行的变化，内循环控制列的变化。标准输出格式是在 Print 语句的输出项之间用逗号分隔。为了产生 4 行 3 列的效果，还要在内外循环之间添加无参数的 Print 语句来实现换行。

【实验步骤】

（1）窗体设计

在窗体上放置一个 PictureBox 对象和四个 CommandButton 对象，具体布局如图 8-4 所示。

（2）完善程序代码

```
Option Base 1
Dim a(4, 3) As Integer
Private Sub Command1_Click() ' "输入数组" 按钮
    Dim i As Integer, j As Integer
    For i = 1 To 4
        For j = 1 To 3
            a(i, j) = InputBox("请输入数组的第(" & i & "," & j & ")元素", "输入")
            Picture1.Print a(i, j),
```

```
            Next j
        _____ '换行
    Next i
End Sub

Private Sub Command2_Click() ' "最大值" 按钮
    Dim i As Integer, j As Integer
    Dim Max As Integer, maxRow As Integer, maxCol As Integer '最大值及位置
    Max = a(1, 1) '先假定第一个元素最大
    maxRow = 1: maxCol = 1
    For i = 1 To 4
        For j = 1 To 3
            If Max < a(i, j) Then
                '添加一段程序




                _____
            End If
        Next j
    Next i
    MsgBox "最大值为:" & Max & ", 它在第" & maxRow & "行第" _
        & maxCol & "列", vbInformation, "最大值"
End Sub

Private Sub Command3_Click() ' "最小值" 按钮
    Dim i As Integer, j As Integer
    Dim Min As Integer, minRow As Integer, minCol As Integer '最小值及位置
    Min = a(1, 1) '先假定第一个元素最小
    minRow = 1: minCol = 1
    For i = 1 To 4
        For j = 1 To 3
            If Min > a(i, j) Then
                Min = a(i, j)
                minRow = i: minCol = j
            End If
        Next j
    Next i
    MsgBox "最小值为:" & Min & ", 它在第" & minRow & "行第" _
        & minCol & "列", vbInformation, "最小值"
End Sub
```

```
Private Sub Command4_Click()  '"平均值"按钮
    Dim i As Integer, j As Integer
    Dim Sum As Integer  '总和
    Dim Avg As Single  '平均值
    For i = 1 To 4
        For j = 1 To 3
            Sum = Sum + a(i, j)
        Next j
    Next i
    Avg = Sum / 12
    MsgBox "平均值为:" & Avg, vbInformation, "平均值"
End Sub
```

（3）运行程序并保存文件

运行程序，观察程序运行结果，最后将窗体文件保存为 F8-2.frm，工程文件保存为 P8-2.vbp。

实验 8-3

【题目】

编写程序，建立并输出一个 10×10 的矩阵，该矩阵对角线元素为 1，其余元素均为 0。

【分析】

在 Visual Basic 中矩阵常用二维数组来处理，首先要定义一个二维数组 A（1 To 10,1 To 10），接着可以用二重 For 循环实现二维数组的输入和输出。

处在正对角线上的数组元素，它的行列下标相同，即 i = j，处在副对角线上的数组元素，它的行列下标之和等于 11，即 i + j=11。

【实验步骤】

（1）创建窗体并设置属性

创建窗体并设置属性，如图 8-7 所示。

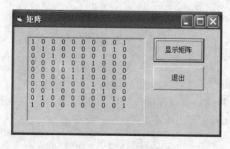

图 8-7 输出矩阵

（2）完善程序代码

```
Option Explicit
Private Sub Command1_Click()
```

```
            Dim i As Integer, j As Integer
            Dim A(1 To 10, 1 To 10) As Integer
            For i = 1 To 10
                For j = 1 To 10
                    If _____ Then
                        A(i, j) = 1
                    Else
                        A(i, j) = 0
                    End If
                    Picture1.Print A(i, j);
                Next j
                Picture1.Print
            Next i
        End Sub

        Private Sub Command2_Click()
            End
        End Sub
```

（3）运行程序并保存文件

运行程序，观察程序运行结果，最后将窗体文件保存为 F8-3.frm，工程文件保存为 P8-3.vbp。

实验 8-4

【题目】

编程实现将 30 个互不相同的两位随机正整数按照从大到小降序排列。

【要求】

（1）分别用选择法和冒泡法实现排序。

（2）30 个数据的输出格式为每行显示 10 个数据，如图 8-8 所示。

【分析】

对 n 个数进行排序，典型的算法有选择排序法、冒泡排序法、插入排序法等。

（1）选择排序法，其算法表示如下：

S1：使 i=1；

S2：使 j=i+1；

S3：若 a(i)<a(j)，则转 S4，否则转 S5；

S4：a(i)和 a(j)交换；

S5：使 j=j+1；

S6：若 j≤n，则转 S3（内循环），否则转 S7；

S7：使 i=i+1；

S8：若 i≤n−1，则转 S2（外循环），否则转 S9；

S9：算法结束。

（2）冒泡排序法，其算法表示如下：
S1：使 i=1；
S2：使 j=1；
S3：若 a（j）<a（j+1），则转 S4，否则转 S5；
S4：a（j）和 a（j+1）交换；
S5：使 j=j+1；
S6：若 j≤n−i，则转 S3（内循环），否则转 S7；
S7：使 i=i+1；
S8：若 i≤n−1，则转 S2（外循环），否则转 S9；
S9：算法结束。

【实验步骤】

（1）创建窗体并设置属性

创建窗体并设置属性，如图 8-8 所示。

图 8-8　一维数组的排序

（2）完善程序代码

```
Option Explicit
Option Base 1
Dim N(30) As Integer
Private Sub Command1_Click() '产生一维数组按钮
    Dim i As Integer, j As Integer
    '生成 30 个互不相同的两位随机正整数
    Randomize
    For i = 1 To 30
        N(i) = _____
        '将新产生的随机数与已生成的随机数进行比较，如有相同的，则重新产生
        For j = 1 To i - 1
            If N(i) = N(j) Then
                i = i - 1
                Exit For
            End If
        Next j
    Next i
```

```
    '显示 30 个互不相同的两位随机正整数
    For i = 1 To 30
        Picture1.Print N(i);
        If i Mod 10 = 0 Then Picture1.Print
    Next i
    Picture1.Print
End Sub

Private Sub Command2_Click()  '"选择法降序"按钮
    Dim i As Integer, j As Integer, Temp As Integer
    For i = 1 To 29
        For j = _____ To 30
            If N(i) < N(j) Then
                Temp = N(i)
                N(i) = N(j)
                N(j) = _____
            End If
        Next j
    Next i
    '显示 30 个互不相同的两位随机正整数
    For i = 1 To 30
        Picture1.Print N(i);
        If i Mod 10 = 0 Then Picture1.Print
    Next i
    Picture1.Print
End Sub

Private Sub Command3_Click()  '"冒泡法降序"按钮
    Dim i As Integer, j As Integer, Temp As Integer
    For i = 1 To 29
        For j = 1 To 30 - i
            If _____ Then
                Temp = N(j)
                N(j) = N(j + 1)
                N(j + 1) = Temp
            End If
        Next j
    Next i
    '显示 30 个互不相同的两位随机正整数
    For i = 1 To 30
```

```
            Picture1.Print N(i);
            If i Mod 10 = 0 Then Picture1.Print
        Next i
        Picture1.Print
End Sub


Private Sub Command4_Click()  ' "清除"按钮
        Picture1.Cls
End Sub
```

(3) 运行程序并保存文件

运行程序，单击"产生一维数组"按钮，再单击"选择法降序"按钮，观察排序结果，然后再单击"清除"按钮，再单击"产生一维数组"按钮，再单击"冒泡法降序"按钮，再观察排序结果，最后将窗体文件保存为 F8-4.frm，工程文件保存为 P8-4.vbp。

实验 9 动态数组

一、目的和要求

（1）掌握动态数组的定义方法。
（2）学会利用动态数组解决一些较为复杂的问题。

二、预备知识

1. 动态数组的基本概念

动态数组是一个其大小可以在程序的不同地方改变的数组。Visual Basic 使用 Dim 语句来声明一个动态数组，其一般格式如下：

> Dim | Private | Public <数组名>() [As <数据类型>]

在使用动态数组前，必须使用 ReDim 语句重新定义动态数组，其一般格式如下：

> ReDim [Preserve] <数组名> (<下标 1> [,<下标 2>,…]) [As <数据类型>]

在编译时对动态数组暂不分配存储空间，在程序运行过程中，系统会根据用户的需求，在使用 ReDim 语句时分配存储空间。

说明：
- 下标可以是常量或已经有了确定值的变量。
- 一般省略类型，如果不省略，必须与 Dim 语句中定义的类型保持一致。
- 使用 ReDim 语句时，不使用 Preserve 关键字，可以改变数组的大小和维数。同时，每次使用 ReDim 语句都会使数组中的元素值丢失。
- 当在 ReDim 语句之后加上 Preserve 关键字，将保留数组中的元素值，但不能改变数组的维数，只可改变最后一个维的上界。

2. 与数组操作相关的函数

（1）Array 函数

Array 函数的功能是把一组数据赋给一个变体型变量或一个数组，其具体格式如下：

```
<数组或变量名> = Array (<数组元素值>)        '用逗号隔开各元素值
```

说明：利用 Array 函数只能给变体型变量或一维数组元素赋初值，并且这个数组必须声明成动态的变体型（Variant）数组。

（2）UBound 和 LBound 函数

因为 ReDim 语句的执行会改变动态数组的大小，所以多了几分不确定的因素。Visual Basic 使用 UBound 和 LBound 函数可以获取数组的上界与下界，从而获知数组的大小，格式如下：

```
UBound (<数组名> [,<维数>])              '取上界
LBound (<数组名> [,<维数>])              '取下界
```

若省略"维数"则默认为第一维。注意：使用 UBound 或 LBound 返回数组的上、下界之时，该数组必须存在，即 Visual Basic 已经分配内存给该数组。对于固定数组而言，一经声明就存在了；但对于动态数组，声明时并没有配置内存，必须等到使用 ReDim 语句，内存才会实际分配。故一个尚未使用过 ReDim 语句配置内存的动态数组，UBound 或 LBound 无法返回其上、下界。

（3）Erase 语句

Erase 语句对数组进行初始化操作。对于固定数组，Erase 语句使其成为数据类型的默认值。对于动态数组，Erase 语句释放动态数组的存储空间，要继续使用这个动态数组，则必须使用 ReDim 语句重新定义。Erase 语句格式为

```
Erase <数组名 1>[, <数组名 2>,…]
```

三、实验内容

实验 9-1

【题目】

设有一个一维数组，数组的大小通过输入对话框输入，数组元素值为 0~100 之间的随机整数，编程计算出一维数组所有元素值的平均值和高于平均值的元素个数，并将它们放在该数组的最后。

【要求】

（1）在图片框中输出数组，并且每行只能显示 10 个元素值，如图 9-1 所示。
（2）单击"清除"按钮将清空文本框和图片框中的内容。

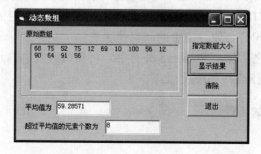

图 9-1　动态数组

【分析】

要生成 0~100 之间的随机整数，使用表达式 Int(101 * Rnd)。

【实验步骤】

（1）窗体设计

在窗体上放置两个 Label 对象、一个 Frame 对象、一个 PictureBox 对象、四个 CommandButton 对象和两个 TextBox 对象，具体布局如图 9-1 所示。

（2）完善程序代码

```
Option Explicit
Dim S() As Single '声明动态数组
Dim n As Integer
Private Sub Command1_Click() ' "指定数组大小"按钮
    Dim i As Integer, p As Integer
    Randomize
    n = Val(InputBox("请给出数组大小："))
    ReDim S(1 To n) '指定动态数组下标界
    For i = 1 To n
        S(i) = Int(101 * Rnd)
        Picture1.Print S(i);
        p = p + 1
        If _____ Then Picture1.Print
    Next i
End Sub

Private Sub Command2_Click()
    Dim i As Integer, k As Integer, sum As Integer
    For i = 1 To n
        sum = sum + S(i)
    Next i
    _____ '重新定义数组，使用 Preserve 关键字保留原数据
    S(n + 1) = sum / n '平均分
    For i = 1 To n '统计高于平均值的元素个数
        If S(i) > S(n + 1) Then k = k + 1
    Next i
    S(n + 2) = k
    Text1 = S(n + 1)
    Text2 = S(n + 2)
End Sub

Private Sub Command3_Click()
    Picture1.Cls
```

```
            Text1.Text = ""
            Text2.Text = ""
    End Sub


    Private Sub Command4_Click()
            End
    End Sub
```

（3）运行程序并保存文件

运行程序，观察程序运行结果，最后将窗体文件保存为 F9-1.frm，工程文件保存为 P9-1.vbp。

实验 9-2

【题目】

数组的插入与删除。编写一个向一维字符数组的指定位置添加字符元素和删除指定数组元素的程序。

【要求】

（1）单击"产生字符数组"按钮，则根据用户输入的数组大小 n 随机产生并显示 n 个大写字母，每行显示 20 个。

（2）单击"插入"按钮，则根据用户输入的字母和插入的位置将之插入并显示。

（3）单击"删除"按钮，则删除指定的数组元素并重新显示。

如图 9-2 所示，先生成 34 个字母，然后在第 2 个位置插入字母 T，再删除第 1 个字母 Y。

【分析】

（1）将一个新元素 X 插入到某个含有 n 个元素的数组的第 k 个位置的方法为：从第 n 个元素开始，将第 n 个元素到第 k 个元素逐个向后移 1 位，将新的元素 X 插入到第 k 个位置。通用代码如下：

```
ReDim Preserve A(n + 1)
For i = n To k Step -1
        A(i + 1) = A(i)
Next i
A(k) = X
```

（2）删除某个含有 n 个元素的数组 A 的第 k 个位置的元素的方法为：从 A(k+1)起到 A(n)，将各个元素的逐个向前移一位。通用代码如下：

```
For i = k + 1 To n
        A(i - 1) = A(i)
Next i
ReDim Preserve A(n - 1)
```

【实验步骤】

（1）创建窗体并设置属性

按图 9-2 所示建立窗体，并设置各对象的属性。

实验 9 动态数组

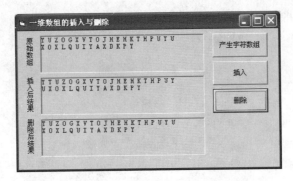

图 9-2 一维数组的插入与删除

（2）完善程序代码

```
Option Explicit
Option Base 1
Dim P() As String * 1
Private Sub Command1_Click()  ' "产生字符数组" 按钮
    Randomize
    Dim i As Integer, n As Integer
    n = Val(InputBox("请输入一维数组的大小", "数组大小"))
    ReDim P(n)
    For i = 1 To n
        P(i) = _____   '随机产生一个大写字母
        Picture1.Print P(i) & " ";
        If i Mod 20 = 0 Then Picture1.Print
    Next i
End Sub


Private Sub Command2_Click()  ' "插入" 按钮
    Dim i As Integer, k As Integer, char As String * 1
    char = InputBox("请输入要插入的字母", "插入")
    k = Val(InputBox("请输入要插入的位置", "插入"))
    ReDim Preserve P(UBound(P) + 1)     '将数组元素个数增加 1
    For i = UBound(P) To k + 1 Step -1
        _____           '向后移位
    Next i
    P(k) = char
    Picture2.Cls
    For i = 1 To UBound(P)
        Picture2.Print P(i) & " ";
```

```
            If i Mod 20 = 0 Then Picture2.Print
        Next i
    End Sub


    Private Sub Command3_Click()  ' "删除" 按钮
        Dim i As Integer, k As Integer
        k = Val(InputBox("请输入要删除字母的位置", "删除"))
        '移动线性表中的数据元素
        For i = _____
            P(i) = P(i + 1)
        Next i
        ReDim Preserve P(UBound(P) - 1) '将数组元素个数减少 1
        Picture3.Cls
        For i = 1 To UBound(P)
            Picture3.Print P(i) & " ";
            If i Mod 20 = 0 Then Picture3.Print
        Next i
    End Sub
```

（3）运行程序并保存文件

运行程序，观察程序运行结果，最后将窗体文件保存为 F9-2.frm，工程文件保存为 P9-2.vbp。

实验 9-3

【题目】

打印杨辉三角形。

【要求】

形成一个二维数组，存放杨辉三角形中各元素的值，同时在窗体上按图 9-3 所示的格式输出杨辉三角形。

【分析】

由于杨辉三角形是按行列格式排列的一个三角形，所以用一个二维数组来存放杨辉三角形中的每一个元素。二维数组的输入与输出一般使用二重循环，外循环控制行的变化，内循环控制列的变化。内循环体中 Print 语句末尾加 ";"，表示按紧凑格式输出，内循环结束时用 Print 语句换行。

给数组中元素赋值时也是用二重循环。数组中第一列和对角线上的元素值均为 1。

【实验步骤】

（1）创建窗体并设置属性

创建窗体并设置属性，如图 9-3 所示。

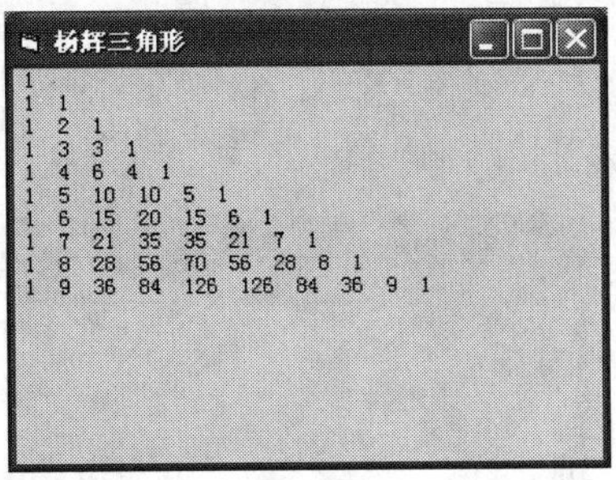

图 9-3 输出杨辉三角形

（2）完善程序代码

```
Option Explicit
Private Sub Form_Click()
    Dim a() As Integer
    Dim n As Integer, i As Integer, j As Integer
    n = InputBox("请输入杨辉三角形的行数:", "杨辉三角形", 8)
    ReDim _____
    For i = 1 To n
        a(i, 1) = 1
        For j = 2 To i - 1
            a(i, j) = _____
        Next j
        a(i, i) = 1
    Next i
    For i = 1 To n
        For j = 1 To _____
            Print a(i, j);
        Next j
        Print
    Next i
End Sub
```

（3）运行程序并保存文件

运行程序，观察程序运行结果，最后将窗体文件保存为 F9-3.frm，工程文件保存为 P9-3.vbp。

实验 9-4

【题目】

判断完数。一个数如果恰好等于它的因子之和，这个数就是完数。一个数的因子是指除了本身以外的能够被其整除的数。例如，6 是一个完数，因为 6 的因子有 1、2、3，而且 6=1+2+3。

【要求】

（1）单击"判断"按钮，对文本框中的输入的整数进行判断，若是完数，按图9-4所示的形式输出结果；若不是"完数"，则输出不是完数的信息。

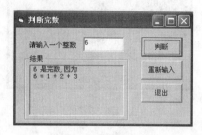

图9-4　判断完数

（2）单击"重新输入"按钮，则清除文本框和图片框中的内容，并将焦点置于文本框中。

【分析】

用循环将输入的数的因子逐个求出，放在一个数组中，并对因子进行累加，求出因子和。因为无法预知因子个数，应使用动态数组，每找到一个因子，就增加一个数组元素。

【实验步骤】

（1）创建窗体并设置属性

创建窗体并设置属性，如图9-4所示。

（2）完善程序代码

```
Option Explicit
Option Base 1
Private Sub cmdJudge_Click()  ' "判断"按钮
    Dim i As Integer, k As Integer
    Dim Sum As Integer, n As Integer
    Dim a() As Integer
    n = Val(Text1)
    For i = 1 To _____
        If n Mod i = 0 Then
            k = k + 1   '因子个数
            ReDim Preserve a(k)  '重新定义数组，增加一个元素
            a(k) = i   '将因子保存在数组中
            Sum = Sum + i   '求因子和
        End If
    Next i
    If n = Sum Then
        Picture1.Print n; "是完数，因为"
        Picture1.Print n; "=";
        For i = 1 To UBound(a) - 1
            Picture1.Print a(i); "+";
```

```
            Next i
            Picture1.Print a(i) '输出最后一个因子
        Else
            Picture1.Print n; "不是完数"
        End If
End Sub

Private Sub cmdRedo_Click() ' "重新输入"按钮
    Text1 = ""
    _____ '清空图片框
    Text1.SetFocus
End Sub

Private Sub cmdExit_Click() ' "退出"按钮
    Unload Me
End Sub
```

（3）运行程序并保存文件

运行程序，观察程序运行结果，最后将窗体文件保存为 F9-4.frm，工程文件保存为 P9-4.vbp。

实验 10

控件数组

一、目的和要求

(1) 掌握控件数组的概念。
(2) 掌握创建控件数组的方法。
(3) 掌握运用控件数组编程的方法。

二、预备知识

在窗体上的相同类型的多个对象可以像数据项集合一样编成一个数组,称为控件数组。控件数组中的每一个对象具有相同的名称,共享一个事件过程,使用 Index 属性来区分不同的对象。控件数组在设计时创建,有两种方法来创建一个控件数组:

(1) 在窗体上添加一个对象,选中该对象进行复制和粘贴,会出现如图 10-1 所示的对话框,询问是否要创建控件数组,单击"是"按钮,则创建控件数组。控件数组中的所有元素都使用同一个名字,但是它们的 Index 属性值是不同的。

图 10-1 询问对话框

(2) 在窗体上添加多个相同类型的对象,然后将其中两个对象的名称设置为成一样时,就会出现如图 10-1 所示的对话框,单击"是"按钮,则创建控件数组。

一旦创建了控件数组,就可以在运行时使用 Load 语句向控件数组中添加元素,使用 Unload 语句,删除用 Load 语句添加的元素。

```
Load <控件数组名>(<下标>)      '控件数组必须在设计时创建
Unload <控件数组名>(<下标>)    '在设计时添加的元素不能在运行时删除
```

三、实验内容

实验 10-1

【题目】
单击界面中的不同按钮便可以启动相应的 Windows 程序。

【实验步骤】
（1）窗体设计

在窗体上添加四个命令按钮（CommandButton），并设置成控件数组 cmdPrg(0)、cmdPrg(1)、cmdPrg(2)、cmdPrg(3)，如图 10-2 所示。

图 10-2　控件数组程序运行界面

（2）完善程序代码

```
Option Explicit
Private Sub cmdPrg_Click(Index As Integer)
    Select Case _____
        Case 0
            '启动画图程序
            Shell "c:\Windows\System32\mspaint.exe", vbNormalFocus
        Case 1
            '启动写字板程序
            Shell "c:\Windows\System32\write.exe", vbNormalFocus
        Case 2
            '启动记事本程序
            Shell "c:\Windows\System32\notepad.exe", vbNormalFocus
        Case 3
            '启动计算器程序
            Shell "c:\Windows\System32\calc.exe", vbNormalFocus
    End Select
End Sub
```

（3）运行程序并保存文件

运行程序，观察程序运行结果，最后将窗体文件保存为 F10-1.frm，工程文件保存为 P10-1.vbp。

实验 10-2

【题目】

编程实现如下效果:单击窗体增加一个标签,单击标签则将其删除。

【要求】

每次增加的标签其背景颜色是随机变化的。

【分析】

创建控件数组后,在运行时使用 Load 语句向控件数组中添加控件,使用 Unload 语句删除在运行时新增的控件。

  用 Load 语句添加的控件是不可见的,必须将其 Visible 属性设置为 True。

【实验步骤】

(1) 窗体设计

在窗体上创建一个标签控件数组,具体布局如图 10-3 所示。

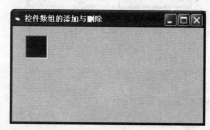

图 10-3 控件数组的添加与删除

(2) 属性设置(见表 10-1)

表 10-1 控件数组的添加与删除属性设置表

对　象	属性名称	属性值
窗体	Caption	控件数组的添加与删除
标签	Name	lblSquare
	BackColor	红色
	Height	600
	Width	600
	Index	0
	Caption	空
	BorderStyle	1-Fixed Single

(3) 完善程序代码

```
Option Explicit
Dim N As Integer
Private Sub Form_MouseDown(Button As Integer, Shift As Integer, _
```

                X As Single, Y As Single)
            '动态增减控件
            Randomize
            N = N + 1
            _____ '添加控件
            lblSquare(N).Move X, Y
            lblSquare(N).Visible = True
            lblSquare(N).BackColor = RGB(Int(Rnd * 256), Int(Rnd * 256), Int(Rnd * 256))
        End Sub

        Private Sub lblSquare_Click(Index As Integer)
            If Index <> 0 Then
                _____ '删除控件
            End If
        End Sub
```

（4）运行程序并保存文件

运行程序，观察程序运行结果，最后将窗体文件保存为 F10-2.frm，工程文件保存为 P10-2.vbp。

## 实验 10-3

【题目】

编程计算发工资时所需要的各种面值人民币的最少张数。

【要求】

（1）用户输入工资数额后能计算出所需各种面值人民币的最少张数。
（2）单击"清空"按钮后，将文本框的内容清空，并将焦点置于输入工资的文本框中。
（3）文本框使用控件数组。
（4）单击"退出"按钮时，询问用户是否退出程序。

【分析】

要计算最少人民币的张数，应先计算最大面额人民币 100 元所需的张数，然后再逐个计算 50 元、20 元等的张数。计算 100 元的张数，只需将工资数与 100 相除，取商即可，余数再与 50 除，以此类推。因为考虑到角分的情况，所以工资数乘以 100，除数也乘以 100 即可。

【实验步骤】

（1）创建窗体并设置属性

创建窗体，所有文本框使用控件数组。控件数组的名称请参考程序进行设置，其他对象的属性请按图 10-4 所示进行设置。
```

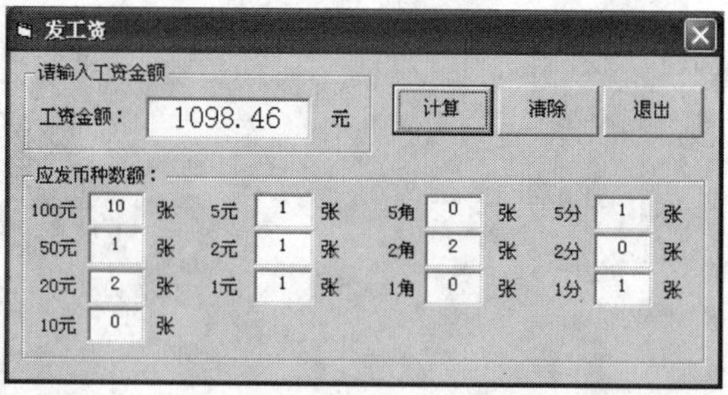

图 10-4 发工资

（2）完善程序代码

```
Option Explicit
Option Base 1
Private Sub Command1_Click()  ' "计算"按钮
    Dim i As Integer
    Dim Money As Single
    Dim ParValue(13) As Single
    ParValue(1) = 100: ParValue(2) = 50
    ParValue(3) = 20: ParValue(4) = 10
    ParValue(5) = 5: ParValue(6) = 2
    ParValue(7) = 1: ParValue(8) = 0.5
    ParValue(9) = 0.2: ParValue(10) = 0.1
    ParValue(11) = 0.05: ParValue(12) = 0.02
    ParValue(13) = 0.01
    Money = Val(txtNum(0)) * 100
    For i = 1 To 13
        txtNum(i) = Money \ (ParValue(i) * 100)
        Money = _____  '求余额
    Next i
End Sub


Private Sub Command2_Click()  ' "清除"按钮
    Dim i As Integer
    For i = 0 To 13
        _____  '清空文本框
    Next i
    txtNum(0).SetFocus
End Sub


Private Sub Command3_Click()  ' "退出"按钮
    Unload Me
```

```
        End Sub

Private Sub Form_Unload(Cancel As Integer)
        If MsgBox("确实要退出吗?", vbYesNo + vbQuestion, "退出") = vbNo Then
                Cancel = True
        End If
End Sub
```

3. 运行程序并保存文件

运行程序，观察程序运行结果，最后将窗体文件保存为 F10-3.frm，工程文件保存为 P10-3.vbp。

实验 10-4

【题目】

用筛选法找出 1~100 之间的所有素数，运行界面如图 10-5 所示。

【分析】

筛选法求出某一范围内的所有素数的思路为：首先在纸上写出 1~100 的全部整数，然后逐一判断它们是否为素数，找出一个非素数就把它们筛掉，最后剩下的就是结果。具体操作如下：

（1）先将 1 筛掉。

（2）用 2 去除它后面的每个数，把能被 2 整除的数筛掉。

（3）把 3 的倍数筛掉。

（4）把 5 的倍数筛掉（注意 4 已经被筛掉，因为它是 2 的倍数）。

……

这个过程一直进行到除数为 Sqr(100) 为止，最后剩下的就是素数。

【实验步骤】

（1）窗体设计

在窗体上创建两个命令按钮（CommandButton）对象和一个图片框（PictureBox）对象，在图片框内添加一个标签（Label）对象，具体布局如图 10-5 所示。

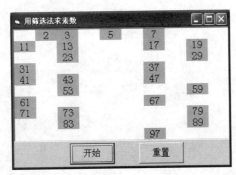

图 10-5　用筛选法求素数

（2）属性设置（见表 10-2）

表 10-2 属性设置

对象	属性名称	属性值
窗体	Caption	用筛选法求素数
命令按钮 1	Caption	开始
命令按钮 2	Caption	重置
图片框 1	BackColor	白色
标签	Name	Label1
	BackColor	灰色
	Height	300
	Width	600
	Index	0
	Caption	空

（3）完善程序代码

```
Option Explicit
Private Sub Command1_Click()  ' "开始" 按钮
    Dim i As Integer, j As Integer
    Label1(1).Visible = False '筛掉 1，因为 1 不是素数
    For i = 2 To Sqr(100)
        If Label1(i).Visible = True Then
            MsgBox "现在开始删去" & i & "的倍数", 64, "筛选法找素数"
            For j = i + 1 To 100
                If _____ Then Label1(j).Visible = False
            Next j
        End If
    Next i
    MsgBox "剩下来的整数已全是素数！", 64, "筛选法找素数"
End Sub


Private Sub Command2_Click()  ' "重置" 按钮
    Dim i As Integer
    For i = 1 To 100
        Label1(i).Visible = _____
    Next i
End Sub


Private Sub Form_Load()
    Dim i As Integer, j As Integer, n As Integer
    Picture1.Move 0, 0
```

```
            Picture1.Height = (Label1(0).Height + 5) * 10 + 3
            Picture1.Width = (Label1(0).Width + 5) * 10 + 3
            Me.Height = Picture1.Height + 1200
            Me.Width = Picture1.Width + 80
            Label1(0).Visible = False
            For n = 1 To 100
                i = (n - 1) \ 10: j = (n - 1) Mod 10
                Load Label1(n)
                With Label1(n)
                    .Left = 5 + j * Label1(0).Width
                    .Top = 5 + i * Label1(0).Height
                    .Visible = True
                    .Caption = n
                End With
            Next n
        End Sub
```

（4）运行程序并保存文件

运行程序，观察程序运行结果，最后将窗体文件保存为 F10-4.frm，工程文件保存为 P10-4.vbp。

实验 11 Sub 过程

一、目的和要求

（1）掌握 Sub 过程的概念和定义方法。
（2）掌握 Sub 过程定义时形参的设定。
（3）掌握调用 Sub 过程的两种方法。
（4）掌握 Sub 过程调用时实参的设定。
（5）掌握 Sub 过程形参与实参结合时的数据传递。

二、预备知识

在 Visual Basic 中，过程可分为子程序过程（Sub Procedure）、函数过程（Function Procedure）和属性过程（Property Procedure）三种。

子程序过程又称为 Sub 过程，又可分为事件过程和通用 Sub 过程，Sub 过程调用后不返回值。在程序设计过程中，经常在模块中定义一些通用 Sub 过程，以完成一定的功能，供其他过程调用。

定义通用 Sub 过程有助于将一个复杂的应用程序分解成多个具有一定功能的程序段，使得程序结构更清晰，可读性更强，更易于管理和维护。另外，每一个 Sub 过程还可以多次被调用，增加了代码的可重用性，精简了代码。

定义 Sub 过程的一般形式如下：

```
[Private | Public] [Static] Sub <过程名>（[<形式参数列表>]）
    [过程级变量和常量声明]
    语句块
    [Exit Sub]
    语句块
End Sub
```

对形式参数，按数据传递方式，可以分为按数值方式传递的参数和按地址方式传递的参数，这两种数据传递方式有截然不同的特点。

按数值方式传递的形式参数简称为传值形参，在定义时必须要在形参变量前加上 ByVal

关键字，其特点是：在通用 Sub 过程中若改变形参变量的值，不会改变实参变量的值。

按地址方式传递的形式参数简称为传址形参，在定义时要在形参变量前加上 ByRef 关键字或不加任何关键字，其特点是：在通用 Sub 过程中若改变形参变量的值，会立即改变实参变量的值。传址形参实际上是将实参变量的地址传递给形参，即形参变量和实参变量共用一个地址。

形参的形式只能是变量和数组：变量形参是除定长字符串以外的任何合法的变量；而数组形参只能按地址方式传递，它可以是定长字符串数组。

实参的形式除变量和数组外，还可以是常量和表达式：若形参是变量，对应的实参可以是变量、常量和表达式，也可以是数组的一个元素；若形参是数组，对应的实参也必须是数组。

通常情况下（指没有可选参数的情况下），实参与形参的个数必须相等，实参与形参的数据传递是按位置传递的，而不是按名字传递的，即第 1 个实参传递给第 1 个形参，第 2 个实参传递给第 2 个形参，……。

按数值方式传递的形参，其对应的实参的数据类型只要与形参相匹配即可，而按地址方式传递的形参，其对应的实参变量的数据类型必须与形参相同。

调用 Sub 过程有两种方法：

方法 1：Call <过程名>（[<实参列表>]）

方法 2：<过程名> [<实参列表>]

三、实验内容

实验 11-1

【题目】

求因子。任意输入一个正整数，编写一个 Sub 过程，找出它的所有因子（包括 1 不包括本身）。

【要求】

（1）通过文本框 Text1 输入一个正整数，通过文本框 Text2 输出它的所有因子。

（2）程序运行时，焦点首先置于 Text1 中。

（3）单击"求因子"按钮，将求出该正整数的所有因子并显示在 Text2 中；单击"清除"按钮，将清除两个文本框中的内容，并将焦点置于 Text1 中；单击"退出"按钮，将从内存中卸载本窗体，结束程序的运行。

程序运行界面如图 11-1 所示。

图 11-1 求因子

【分析】

一个正整数 N 的因子就是能被 N 整除的数，用穷举法使 i 从 1 变化到 N−1，若 N 除以 i 的余数为 0（N Mod i=0），则 i 为 N 的因子。

要用一个通用的 Sub 过程来求一个正整数的因子，必须在定义过程时，设定一个传值形参，用来接受这个正整数。在求解过程中，每找到一个因子，可以将该因子转换成字符串连接到一个字符串变量中。因为 Sub 过程本身并不返回值，所以要将含有因子信息的字符串变量返回给主程序（指调用该 Sub 过程的程序），可在定义过程时将该字符串变量设定为传址形参。

程序运行时，要将焦点首先置于 Text1 中，有两种解决方法：一是在属性窗口中将 Text1 对象的 TabIndex 属性设置为 0；二是在窗体的 Activate 事件中写入以下代码：

```
Text1.SetFocus
```

需要注意的是以上代码不能写在窗体的 Load 事件中，因为窗体在显示之前，是不能使用对象的 SetFocus 方法的，否则将发生"无效的过程调用或参数"的运行错误。

【实验步骤】

（1）界面设计

请参照图 11-1 所示的界面设计窗体。

（2）完善程序代码

```
Option Explicit
Private Sub cmdGene_Click() ' "求因子" 按钮
    Dim Inta As Integer, St As String
    Inta = Val(Text1.Text)
    Call Gene(Inta, St) '调用求因子的通用过程 Gene，请改用另一种方法调用
    Text2.Text = St
End Sub

Private Sub Gene(ByVal N As Integer, ByRef S As String) '求因子的 Sub 过程
    Dim i As Integer
    For i = 1 To _____
        If N Mod i = 0 Then S = S & Str(i)
    Next i
End Sub

Private Sub cmdClear_Click() ' "清除" 按钮
    _____ '清除文本框 1
    _____ '清除文本框 2
    _____ '文本框 1 得到焦点
End Sub

Private Sub cmdExit_Click() ' "退出" 按钮
    _____ '退出
```

            End Sub

（3）运行工程并保存文件

运行程序，输入一个正整数，观察运行结果，最后将窗体文件保存为 F11-1.frm，工程文件保存为 P11-1.vbp。

实验 11-2

【题目】

求字符串中的数字和。任意输入一个含有数字的字符串，将字符串中的数字分离，然后按指定格式输出数字和。

【要求】

（1）通过文本框 Text1 输入一个含有数字的字符串，通过文本框 Text2 输出结果。

（2）程序运行时，Text1 中有初始字符串：31A9R100YRW12.7ds6。

（3）单击"求数字和"按钮，分离出其中的数字并按指定格式在 Text2 中显示数字和；单击"清除"按钮，将清除两个文本框中的内容，并将焦点置于 Text1 中；单击"退出"按钮，结束程序的运行。

程序运行界面如图 11-2 所示。

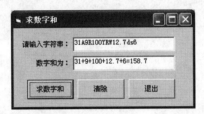

图 11-2　求字符串中的数字和程序运行界面

【分析】

用 Mid 函数从字符串中按顺序截取出每一个字符 char，然后用 IsNumeric(char)函数测试 char 是否是数字。因为一个字符串中的所含数字不定，所以要定义一个动态数组来存放数字，每找到一串数字，都要重新定义数组的上界，将数组元素个数增加 1，用新增的数组元素（即最后一个元素）来存放当前找到的数字。

【实验步骤】

（1）界面设计

请参照图 11-2 所示的界面设计窗体。

（2）完善程序代码

```
Option Explicit
Private Sub cmdSum_Click()  ' "求数字和" 按钮
    Dim st As String
    Dim Num() As Single
    ReDim Num(0)
    st = Text1
    Call Separate(st, Num) '分离数字
```

```
            Call OutPut(Num) '输出
        End Sub


        Private Sub Separate(ByVal st As String, a() As Single) '分离数字过程
            Dim i As Integer, j As Integer
            Dim char As String * 1 '长度为1的定长字符串
            Dim s As String
            st = st & " " '引号中间有一个空格，确保字符串中最后一个字符为非数字
            For i = 1 To Len(st)
                char = _____ '截取一个字符
                If IsNumeric(char) Or char = "." Then
                    s = s & char
                Else
                    If s <> "" Then
                        j = j + 1 'j 为数组上界
                        _____ '重新定义数组上界
                        a(j) = Val(s)
                        _____ '清空字符串变量 s
                    End If
                End If
            Next i
        End Sub


        Private Sub OutPut(a() As Single) '输出过程
            Dim i As Integer
            Dim sum As Single
            Dim Result As String
            For i = 1 To UBound(a)
                sum = sum + a(i)
                If i < UBound(a) Then
                    Result = Result & a(i) & "+"
                Else
                    Result = _____
                End If
            Next i
            Text2 = Result & sum
        End Sub


        Private Sub cmdClear_Click() ' "清除"按钮
            Text1 = "" '清空文本框 1
```

```
            Text2 = "" '清空文本框 2
            _____'文本框 1 得到焦点
        End Sub


        Private Sub cmdExit_Click() ' "退出" 按钮
            Unload Me '退出
        End Sub
```

(3) 运行工程并保存文件

运行程序，观察运行结果，最后将窗体文件保存为 F11-2.frm，工程文件保存为 P11-2.vbp。

实验 11-3

【题目】

合并排序。将两个升序的数组合并，合并后的数组也保持升序。

【要求】

(1) 编写一个通用的 Sub 过程用来输入数组 A 和 B，从键盘输入数组各元素的值，输入 –1 时结束。

在输入每一个数组时，数组元素要升序。

(2) 编写一个通用的 Sub 过程，用来将数组 A 和 B 合并到数组 C。

【分析】

合并排序是指将两组有序的数合并，合并后的新组也是有序的。合并排序的思想是：

(1) 先在 A、B 数组中各取第一个元素进行比较，将小的元素放入 C 数组；

(2) 取小的元素所在数组的下一个元素与上次比较后较大的元素比较，重复上述比较过程，直到某个数组先排完；

(3) 将另一个数组剩余元素抄入 C 数组，合并完成。

【实验步骤】

(1) 界面设计

请参照图 11-3 所示的界面设计窗体。

图 11-3　合并排序

（2）完善程序代码

```
Option Explicit
Option Base 1
Dim a() As Integer, b() As Integer, c() As Integer
Private Sub cmdInputA_Click() ' "输入数组 A" 按钮
    Call InputArray(a, "a", Picture1) '输入数组 a
End Sub

Private Sub cmdInputB_Click() ' "输入数组 B" 按钮
    _____ '输入数组 b
End Sub

Private Sub cmdMerge_Click() '合并按钮
    Dim i As Integer
    ReDim c(UBound(a) + UBound(b))
    Call Merge(a, b, c)
    For i = 1 To UBound(c)
        _____ '在 Picture3 中输出结果
    Next i
End Sub

Private Sub InputArray(X() As Integer, ByVal ArrName As String, pctOutput As Picture)
    Dim i As Integer
    Dim N As Integer
    Do
        i = i + 1
        N = Val(InputBox("请输入数组" & ArrName & "(" & i & ")的值:"))
        If N = -1 Then
            _____
        End If
        ReDim Preserve X(i)
        _____
        pctOutput.Print X(i);
    Loop
End Sub

Private Sub Merge(a() As Integer, b() As Integer, c() As Integer) '合并数组
    Dim i As Integer, j As Integer, k As Integer
    i = 1: j = 1: k = 1
    Do _____
```

```
            If a(i) <= b(j) Then
                c(k) = a(i)
                i = i + 1
            Else
                c(k) = b(j)
                j = j + 1
            End If
            k = k + 1
        Loop
        Do While i <= UBound(a)
            c(k) = a(i)
            i = i + 1
            k = k + 1
        Loop
        Do While j <= UBound(b)
            c(k) = b(j)
            j = j + 1
            k = k + 1
        Loop
End Sub

Private Sub cmdClear_Click()
        Erase a, b, c '初始化数组
        Picture1.Cls '清空 Picture1
        Picture2.Cls '清空 Picture2
        Picture3.Cls '清空 Picture3
End Sub

Private Sub cmdExit_Click()
        Unload Me '退出
End Sub
```

（3）运行工程并保存文件

运行程序，先输入两个数组，再单击合并按钮，观察运行结果，最后将窗体文件保存为 F11-3.frm，工程文件保存为 P11-3.vbp。

实验 11-4

【题目】

输出最长单词。在一个文本框中输入一串单词（单词之间用空格隔开），在另一个文本框中输出所有的最长单词，如图 11-4 所示。

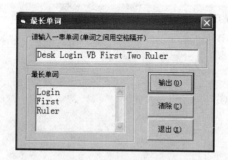

图 11-4 输出最长单词

【要求】
（1）编写一个通用的 Sub 过程用来求出一串单词中的所有最长单词。
（2）编写一个通用的 Sub 过程，用来在文本框中输出所有的最长单词。
（3）窗体上的三个命令按钮使用控件数组。

【分析】
因为一串单词中最长的单词可能有几个，所有要定义一个动态数组存放所有的最长单词。算法如下：
S1：将存放一串单词的变量 st 的尾部添加一个空格；
S2：使 i=1；
S3：截取单词中的第 i 个字符 char，若 char 不是空格，则转 S4，否则转 S5；
S4：将 char 连接到一个字符串变量 Temp 尾部，转 S12；
S5：比较 Temp 的长度和 MaxLen（最长单词的长度，初始值为 0），若 Temp 的长度大于 MaxLen，则转 S6，若 Temp 的长度等于 MaxLen，则转 S9，否则转 S12；
S6：将存储最长单词的数组的上界设定为 1；
S7：将 Temp 存储到该数组的第 1 个元素中；
S8：使 MaxLen=Len(Temp)，转 S11；
S9：将存储最长单词的数组的上界增加 1；
S10：将 Temp 存储到该数组新增的元素中；
S11：将 Temp 还原为空串；
S12：使 i=i+1，若 i 大于 st 的长度，则转 S13，否则转 S3（循环）；
S13：算法结束。

【实验步骤】
（1）界面设计
请参照图 11-4 所示的界面设计窗体。Text2 设置为多行文本框，并设置显示垂直滚动条，三个命令按钮使用控件数组。
（2）完善程序代码

```
Option Explicit
Option Base 1
Private Sub cmd_Click(Index As Integer)
    Dim st As String
```

```
            _____  '定义存放最长单词的数组
        Select Case Index
            Case 0
                st = Text1
                FirstBorn st, wd
                OutPut wd
            Case 1
                _____  '清除两个文本框
                Text1.SetFocus
            Case 2
                End
        End Select
End Sub

Private Sub FirstBorn(ByVal st As String, wd() As String)
    Dim i As Integer, j As Integer
    Dim MaxLen As Integer
    Dim char As String
    Dim Temp As String
    st = st & " "   '引号中间有一个空格，保证末字符是空格
    For i = 1 To Len(st)
        char = Mid(st, i, 1)
        If char <> " " Then   '引号中间有一个空格
            _____
        Else
            If Len(Temp) > MaxLen Then
                j = 1
                ReDim wd(j)
                _____
                MaxLen = _____
            ElseIf Len(Temp) = MaxLen Then
                j = j + 1
                _____
                wd(j) = Temp
            End If
            Temp = ""
        End If
    Next i
End Sub
```

```
Private Sub OutPut(wd() As String)   '输出
    '写一段程序
    _____
End Sub
```

（3）运行工程并保存文件

运行程序，输入一串单词，观察运行结果，最后将窗体文件保存为 F11-4.frm，工程文件保存为 P11-4.vbp。

实验 12

Function 过程

一、目的和要求

（1）掌握 Function 过程的概念和定义方法。
（2）掌握 Function 过程定义时形参的设定。
（3）掌握调用 Function 过程的方法。
（4）掌握 Function 过程调用时实参的设定。
（5）掌握 Function 过程形参与实参结合时的数据传递。

二、预备知识

函数过程又称为 Function 过程。Function 过程与 Sub 过程的主要区别是 Function 过程可返回一个值（称为函数值），而 Sub 过程不返回值。在程序设计过程中，经常在模块中定义一些 Function 过程，Function 过程被调用后返回一个值，根据返回值的情况决定程序下一步的操作。

定义 Function 过程的一般形式如下：

```
[Private | Public] [Static] Function <函数名> ([<形式参数列表>]) [As <函数值的类型>]
    [过程级变量和常量声明]
    语句块
    [Exit Function]
    语句块
End Function
```

Function 过程的形参与实参的规定与 Sub 过程完全一样，请参看实验 11。

Function 过程的调用与 Visual Basic 内部函数的调用方法一样，即在表达式中写出它的函数名和相应的实在参数，形式如下：

```
<函数名>([<实参列表>])
```

Visual Basic 也允许像调用 Sub 过程一样调用 Function 过程，但 Visual Basic 将放弃函数返回值，形式如下：

Call <函数名>[(<实参列表>)]   或   <函数名> [<实参列表>]

三、实验内容

实验 12-1

【题目】

计算阶乘和。在一个文本框中任意输入一串数字（每个数字不大于 12，数字之间用英文逗号分隔开），计算各个数的阶乘和。例如，输入 3,5,10，输出 3!+5!+10!=3628926。

【要求】

（1）编写一个计算阶乘的函数过程。

（2）编写一个 Sub 过程，调用求阶乘的函数过程，计算各个数的阶乘及阶乘和，并按指定格式输出结果。

程序运行界面如图 12-1 所示。

图 12-1　计算阶乘和程序运行界面

【分析】

要计算阶乘，用累乘实现，只用一个 For 循环就可以实现，但要注意存储阶乘的变量的初值须设定为 1。

要将文本框的数字分离，主要有以下两种算法：

（1）用一个循环实现。通过查找字符串中分隔符（英文逗号）的位置，分离出各个数字，并存放到一个数组中。

（2）使用 Visual Basic 的内部函数 Split 进行分离。Split 函数的基本形式如下：

　　Split(Expression , Delimiter)

　　Expression：字符串表达式，以某个特定的分隔符将各数据项分开

　　Delimiter：分隔符

【实验步骤】

（1）界面设计

请参照图 12-1 所示的界面设计窗体。

（2）完善程序代码

```
Option Explicit
Private Sub cmdCalc_Click()  ' "计算" 按钮
```

```
        Dim num() As String
        num = Split(Text1, ",") '分离数字
        Call OutPut(num)
End Sub


Private Sub cmdClear_Click() ' "清除"按钮
        _____ '清除文本框
        _____ '清除图片框
        _____ '文本框得到焦点
End Sub


Private Sub cmdExit_Click() ' "退出"按钮
    Unload Me
End Sub


Private Sub OutPut(a() As String)
    Dim i As Integer
    Dim sum As Long '阶乘和
    For i = 0 To UBound(a)
        _____ '求阶乘和
        If i < UBound(a) Then
            Picture1.Print a(i); "!+";
        Else
            Picture1.Print a(i); "!="; sum
        End If
    Next i
End Sub


Private Function Fact(ByVal n As Integer) As Long '计算阶乘
    Dim k As Integer
    _____
    For k = 1 To n
        _____
    Next k
End Function
```

（3）运行工程并保存文件

运行程序，输入一串数字，观察运行结果，最后将窗体文件保存为 F12-1.frm，工程文件保存为 P12-1.vbp。

实验 12-2

【题目】

验证哥德巴赫猜想。任意一个大于 2 的偶数都可以分解成两个素数之和。例如，8=3+5，12=5+7。程序运行界面如图 12-2 所示。

图 12-2 验证哥德巴赫猜想

【要求】

（1）通过 InputBox 函数输入一个偶数，程序先要判断输入的数是否是大于 2 的偶数，若不是则要重新输入。

（2）编写一个函数过程，用来判断一个正整数是否是素数，若是，函数返回 True，否则，函数返回 False。

【分析】

所谓素数是指一个正整数 n 只能被 1 和本身整除，不能被其他的数整除。例如，2、3、5、7、11 等都是素数。

（1）根据素数的定义，设计算法如下：

S1：使 x=2；
S2：若 n 除以 x 的余数为 0，则转 S4，否则转 S3；
S3：使 x=x+1，若 x<n，转 S2（循环），否则转 S5；
S4：输出 n 不是素数的信息，转 S6；
S5：输出 n 是素数的信息，转 S6；
S6：算法结束。

（2）要将一个大于 2 的偶数 n 分解成两个素数 x、y 之和，设计算法如下：

S1：使 x=2，y=n−x；
S2：若 x 和 y 都是素数，则转 S4，否则转 S3；
S3：使 x=x+1，y=n−x，若 x<n−2，转 S2（循环），否则转 S5；
S4：输出 n=x+y 信息，转 S6；
S5：输出哥德巴赫猜想不成立的信息，转 S6；
S6：算法结束。

【实验步骤】

（1）界面设计

请参照图 12-2 所示的界面设计窗体。

（2）完善程序代码

```
Option Explicit
Private Sub Form_Click()
    Dim i As Integer
    Dim n As Integer
    Do
        n = Val(InputBox("请输入一个大于 2 的偶数"))
        _____
    Loop
    For i = 2 To n - 2
        If Prime(i) And _____ Then
            Picture1.Print n & "=" & i & "+" & n - i
            _____
        End If
    Next i
    MsgBox "哥德巴赫猜想不成立!", vbExclamation, "命题验证"
End Sub

Private Function Prime(ByVal n As Integer) As Boolean
    Dim i As Integer
    For i = 2 To n - 1
        If n Mod i = 0 Then
            Prime = False
            _____
        End If
    Next I
    Prime = True
End Function
```

（3）运行工程并保存文件

运行程序，单击窗体，输入一个大于 2 的偶数，观察运行结果，最后将窗体文件保存为 F12-2.frm，工程文件保存为 P12-2.vbp。

实验 12-3

【题目】

求最大公约数。任意输入两个正整数，求出它们的最大公约数。例如，24 和 18 的最大公约数是 6。程序运行界面如图 12-3 所示。

【要求】

（1）编写一个函数过程，用来求解两个正整数的最大公约数。

（2）界面上的 3 个文本框使用控件数组。

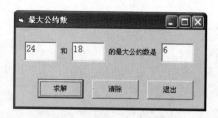

图 12-3 求最大公约数

（3）在求解最大公约数前，先判断前两个文本框中的数字是否为正整数，若不是，则将焦点置于该文本框中，重新输入。

（4）第三个文本框要求设置为只读。

【分析】

求解两个正整数 a 和 b 的最大公约数主要有以下两种算法：

（1）根据数学中对最大公约数的定义，设计算法如下：

S1：使 x=a；

S2：若 a 和 b 除以 x 的余数都为 0，则转 S4，否则转 S3；

S3：使 x=x−1，转 S2（循环）；

S4：输出 x，x 即为 a 和 b 的最大公约数；

S5：算法结束。

（2）辗转相除法（即欧几里得算法），算法如下：

S1：求出 a 除以 b 的余数 r；

S2：使 a=b；

S3：使 b=r；

S4：若 r=0，则转 S5，否则转 S1（循环）；

S5：输出 a，a 即为 a 和 b 的最大公约数；

S6：算法结束。

要将一个文本框设置为只读，只要将文本框的 Locked 属性设置为 True。

【实验步骤】

（1）界面设计

请参照图 12-3 所示的界面设计窗体。

（2）完善程序代码

```
Option Explicit
Private Sub cmdClear_Click()  ' "清除" 按钮
    Dim i As Integer
    For i = 0 To 2
        _____ '清除文本框
    Next i
    txt(0).SetFocus
End Sub
```

```
Private Sub cmdExit_Click()  '"退出"按钮
    End
End Sub


Private Sub cmdGcd_Click()  '"求解"按钮
    Dim i As Integer
    Dim x As Single
    For i = 0 To 1
        x = Val(txt(i))
        If _____ Then
            MsgBox "请输入正整数!", vbExclamation, "最大公约数"
            txt(i).SelStart = 0
            txt(i).SelLength = Len(txt(i))
            txt(i).SetFocus
            Exit Sub
        End If
    Next i
    txt(2) = Gcd(txt(0), txt(1))
End Sub


Private Function Gcd(ByVal a As Integer, ByVal b As Integer) As Integer  '最大公约数函数
    '填写一段程序
    _____
End Function
```

(3) 运行工程并保存文件

运行程序，输入两个正整数，观察运行结果，最后将窗体文件保存为 F12-3.frm，工程文件保存为 P12-3.vbp。

实验 12-4

【题目】

互异的矩阵元素。编写程序，生成一个由两位随机正整数组成的 4×5 的数组，并显示在图片框中。要求数组中所有元素的值互不相同，并且最大的元素和最小的元素出现在同一行中。

【要求】

（1）编写一个 Function 过程，检查当前生成的数组元素是否与已生成的数组元素相同。
（2）编写一个 Function 过程，检查最大的元素和最小的元素是否出现在同一行中。
（3）编写一个 Sub 过程，用来以矩阵形式输出数组。

【分析】

要随机生成[a,b]范围内的整数，可以使用表达式 Int(Rnd * (b - a + 1)) + a。

用一个二重循环控制二维数组的生成，每生成一个数组元素，都要检查是否与已生成的

元素相同，若不相同，则进行下一次循环，否则本次循环重做。

所有数组元素生成结束后，还要检查最大的元素和最小的元素是否在同一行中，若在同一行中，则以矩阵形式输出数组，否则重新初始化数组，重新生成所有元素，直到符合条件为止。

【实验步骤】

（1）界面设计

请参照图 12-4 所示的界面设计窗体。

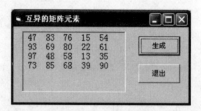

图 12-4　互异的矩阵元素

（2）完善程序代码

```
Option Explicit
Option Base 1
Private Sub cmdMake_Click() ' "生成" 按钮
    Dim i As Integer, j As Integer
    Dim a(4, 5) As Integer
    Randomize '随机化语句
    Do
        _____ '初始化数组 a
        For i = 1 To 4
            For j = 1 To 5
                a(i, j) = _____ '随机生成两位正整数
                If Repeat(a, i, j) Then '若是重复数
                    _____
                End If
            Next j
        Next i
    Loop Until Validate(a)
    '输出矩阵
    _____
End Sub

Private Function Repeat(a() As Integer, ByVal x As Integer, _
    ByVal y As Integer) As Boolean
    '检查 a(x,y)是否与已生成的元素重复
    Dim i As Integer, j As Integer
```

```
        For i = 1 To x
            For j = 1 To IIf(i = x, y - 1, UBound(a, 2))
                If a(i, j) = a(x, y) Then
                    Repeat = True
                    _____    '退出 Function 过程
                End If
            Next j
        Next i
End Function


Private Function Validate(a() As Integer) As Boolean
    '以下程序可以验证最大值和最小值是否出现在同一行中
    Dim i As Integer, j As Integer
    Dim max As Integer, min As Integer    '最大值和最小值
    Dim maxRow As Integer, minRow As Integer    '最大值和最小值所在的行
    max = a(1, 1)
    min = a(1, 1)
    maxRow = 1
    minRow = 1
    For i = 1 To 4
        For j = 1 To 5
            If a(i, j) > max Then
                max = a(i, j)
                maxRow = i
            ElseIf a(i, j) < min Then
                _____
                _____
            End If
        Next j
    Next i
    If _____ Then Validate = True
End Function


Private Sub OutPut(a() As Integer)
    Dim i As Integer, j As Integer
    '输出矩阵，填写一段程序

    _____
End Sub


Private Sub cmdExit_Click()    '退出按钮
```

```
            End
        End Sub
```

（3）运行工程并保存文件

运行程序，单击"生成"按钮，观察运行结果，最后将窗体文件保存为 F12-4.frm，工程文件保存为 P12-4.vbp。

实验 13

递归过程及变量作用域

一、目的和要求

（1）掌握递归过程的概念和特点。
（2）掌握书写递归过程的一般规律。
（3）掌握递归过程的运行过程。
（4）掌握过程级、模块级和应用程序级变量的作用域和特点，并会灵活应用。

二、预备知识

1. 递归过程

递归过程是指通过调用自身来完成某一特定功能的过程。

按递归过程定义的形式，将递归过程分为递归函数和递归子过程。递归过程定义为 Function 过程形式，称为递归函数；定义为 Sub 过程形式，称为递归子过程。

按调用自身的方法，将递归过程分为直接递归和间接递归。直接递归是指在递归过程中直接调用自身，间接递归是指通过调用其他 Function 过程或 Sub 过程再调用自身。

递归过程的运行分为两个阶段：第一阶段是逐层调用阶段，又称为递推；第二阶段是逐层返回阶段，又称为回归。

在逐层调用阶段通常是将求解问题的规模逐步变小，直到规模达到最小为止（称为终止条件或边界条件）。

书写递归过程通常只用分支结构就可完成，要紧紧抓住两点：一是递归的终止条件，二是递归表达式。

2. 变量的作用域

在 Visual Basic 中变量可分为过程级、模块级和应用程序级变量。

过程级变量是指在一个过程中定义的变量，它的作用范围（作用域）仅限于该过程，一旦该过程运行结束，过程级变量将从内存释放。过程级变量通常用 Dim 语句定义。

模块级变量是指在一个模块（如窗体模块、标准模块等）的通用声明部分用 Private 或 Dim 语句定义的变量，它的作用范围为整个模块。只有模块释放后，模块级变量才从内存释放。

应用程序级变量是指在一个模块（如窗体模块、标准模块等）的通用声明部分用 Public 语句定义的变量，它的作用范围为整个应用程序。只有结束应用程序，应用程序级变量才从内存释放。

当在一个应用程序中定义了多个不同作用域的同名变量时，程序优先访问局限性大的变量。

三、实验内容

实验 13-1

【题目】
用递归法求阶乘。编写一个递归函数，计算 n！=1×2×3×4×…×n。

【要求】
（1）编写一个计算阶乘的递归函数过程。
（2）通过 InputBox 函数输入 n 的值，调用求阶乘的递归函数过程，计算 n 的阶乘，并按指定格式输出结果。

【分析】
在数学中求 n！，可表示为

$$n! = \begin{cases} 1 & \text{当} n=0 \text{ 或 } n=1 \text{时} \\ n \times (n-1)! & \text{当} n>1 \text{时} \end{cases}$$

当 n=0 或 n=1 时，n!=1，这就是递归的结束条件。
可定义一个名为 Fact 的函数计算阶乘，Fact(n)即为 n!，Fact(n-1)即为（n-1）!，递归表达式为 Fact(n) = n * Fact(n - 1)。

【实验步骤】
（1）界面设计
请参照图 13-1 所示的界面设计窗体，文本框设置为只读，两个命令按钮大小相同。

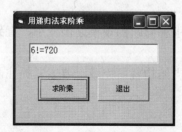

图 13-1 用递归法求阶乘

（2）完善程序代码
Option Explicit

```
Private Sub cmdExit_Click() ' "退出" 按钮
    End
End Sub


Private Sub cmdFact_Click() ' "求阶乘" 按钮
    Dim n As Integer
    n = InputBox("请输入一个正整数或零", "求阶乘", 6)
    Text1 = n & "!=" & _____
End Sub


Private Function Fact(ByVal n As Integer) As Long
    If n = 0 Or n = 1 Then '递归的结束条件
        _____
    Else
        Fact = _____ '直接递归
    End If
End Function
```

（3）运行工程并保存文件

运行程序，输入 n 的值，观察运行结果，最后将窗体文件保存为 F13-1.frm，工程文件保存为 P13-1.vbp。

实验 13-2

【题目】

裴波拉契（Fibonacci）数列。用递归法求 Fibonacci 数列前 8 项的和。

【要求】

（1）Fibonacci 数列的前 8 项按指定格式显示在列表框中，前 8 项的和按指定格式显示在文本框中。

（2）编写一个递归函数过程，用来求 Fibonacci 数列的第 n 项的值。

【分析】

Fibonacci 数列的特点是第 1 项和第 2 项的值都是 1，后一项是前两项之和。定义一个求 Fibonacci 数列第 n 项的函数 Fib(n)，则

$$\text{Fib}(n) = \begin{cases} 1 & \text{当 } n=1 \text{ 或 } n=2 \text{ 时} \\ \text{Fib}(n-1) + \text{Fib}(n-2) & \text{当 } n>2 \text{ 时} \end{cases}$$

递归的结束条件：当 n=1 或 n=2 时，Fib(n) = 1。

递归表达式：Fib(n) = Fib(n – 1) + Fib(n – 2)。

【实验步骤】

（1）界面设计

请参照图 13-2 所示的界面设计窗体。

图 13-2 用递归法求 Fibonacci 数列

（2）完善程序代码

```
Option Explicit
Private Sub cmdSolve_Click()  ' "求解"按钮
    Dim i As Integer
    Dim FibItem As Integer
    Dim Sum As Integer
    For i = 1 To 7
        FibItem = _____  '求 Fibonacci 数列的第 i 项
        Sum = Sum + FibItem  '求前 i 项的和
        List1.AddItem _____
        Text1 = _____
    Next i
    FibItem = Fib(i)
    Sum = Sum + FibItem
    List1.AddItem "Fib(" & i & ")=" & FibItem
    Text1 = Text1 & FibItem & "=" & Sum
End Sub


Private Function Fib(ByVal n As Integer) As Integer
    If _____ Then  '递归的结束条件
        Fib = 1
    Else
        Fib = _____  '递归表达式
    End If
End Function


Private Sub cmdClear_Click()  ' "清除"按钮
    List1.Clear
    Text1 = ""
End Sub
```

```
    Private Sub cmdExit_Click()  ' "退出"按钮
        End
    End Sub
```

（3）运行工程并保存文件

运行程序，单击"求解"按钮，观察运行结果，最后将窗体文件保存为 F13-2.frm，工程文件保存为 P13-2.vbp。

实验 13-3

【题目】

用递归法求数列和。编程求以下数列前 n 项的和。如图 13-3 所示，是 x=1 时数列前 7 项的和。

$$S(x,n) = \frac{x}{2} + \frac{2! \cdot x^3}{2 \cdot 4} + \frac{3! \cdot x^5}{2 \cdot 4 \cdot 6} + \cdots + \frac{n! \cdot x^{2n-1}}{2 \cdot 4 \cdot 6 \cdot \cdots \cdot 2n}$$

【要求】

（1）通过 InputBox 函数，输入 x 和 n 的值。

（2）编写一个递归函数过程，求数列第 n 项的值。

【分析】

定义一个递归函数过程 S(n)，求数列的第 n 项，则

$$S(n) = \begin{cases} \dfrac{x}{2} & n = 1 \\ \dfrac{x^2}{2} * S(n-1) & n > 1 \end{cases}$$

当 n=1 时，S(n) = x / 2，为递归的结束条件。

递归表达式：S(n) = x^2 / 2 * S(n − 1)。

【实验步骤】

（1）界面设计

请参照图 13-3 所示的界面设计窗体。

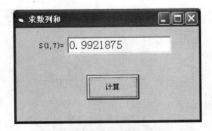

图 13-3 用递归法求数列和

（2）完善程序代码

```
Option Explicit
Dim X As Single
Private Sub Command1_Click() ' "计算"按钮
    Dim i As Integer, N As Integer, Sum As Single
    X = InputBox("输入 X：", "求数列和", 1)
    N = InputBox("输入 N：", "求数列和", 7)
    For i = 1 To N
        Sum = Sum + S(i)
    Next i
    Label1.Caption = _____
    Text1 = Format(Sum, "0.#######")
End Sub

Private Function S(ByVal N As Integer) As Double
    If N = 1 Then '递归的结束条件
        S = X / 2
    Else
        _____ '递归表达式
    End If
End Function
```

（3）运行工程并保存文件

运行程序，输入 x=1，n=7，观察运行结果，最后将窗体文件保存为 F13-3.frm，工程文件保存为 P13-3.vbp。

实验 13-4

【题目】

Hanoi（汉诺）塔问题。古代有一个梵塔，塔内有 A、B、C 三个座，开始时 A 座上有 64 个盘子，盘子大小不等，大的在下，小的在上。有一个老和尚想把这 64 个盘子从 A 座移到 C 座，但每次只能移动一个盘子，且在移动过程中 3 个座上都始终保持大盘在下，小盘在上，在移动过程中可以借助于 B 座。要求编写程序输出移动的步骤。运行界面如图 13-4 所示（图中显示 3 个盘子的移动步骤）。

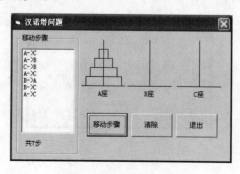

图 13-4 汉诺塔问题

【要求】
（1）编写一个递归子过程，用来解决 n 个盘子从一个座移动到另一个座（借助于第三个座）。
（2）编写一个 Sub 过程，用来输出一个盘子从一个座移动到另一个座的移动步骤。

【分析】
汉诺塔问题是一个用递归方法解题的典型例子。解决 n 个盘子从 A 座借助 B 座，移动到 C 座，可通过以下 3 步：
（1）将 n−1 个盘子（上面的）从 A 座借助 C 座，移动到 B 座。
（2）将第 n 个盘子（最底下的、最大的盘子）从 A 座移动到 C 座。
（3）将 B 座上的 n−1 个盘子从 B 座借助 A 座，移动到 C 座（移动方法与（1）相同）。

至此，全部任务已经完成，这就是递归方法。但是有一个问题实际上未解决，就是如何才能将 n−1 个盘子从 A 座移动到 B 座？

解决 n−1 个盘子从 A 座借助 C 座，移动到 B 座，可通过以下 3 步：
（1）将 n−2 个盘子从 A 座借助 B 座，移动到 C 座。
（2）将第 n−1 个盘子从 A 座移动到 B 座。
（3）将 C 座上的 n−2 个盘子从 C 座借助 A 座，移动到 B 座。

再进行一次递归，使问题的规模再缩小，规模越小，问题越容易解决，直到规模缩小到 1 个盘子，只要将这个盘子从一个座移动到另一个座，这就是递归的结束条件。1 个盘子会移了，2 个盘子就会移了，2 个盘子会移了，3 个盘子就会移了，……，n−1 个盘子会移了，n 个盘子就会移了。这就是递归的回归过程。

【实验步骤】
（1）界面设计
请参照图 13-4 所示的界面设计窗体，图中的 A 座、B 座、C 座及其中的盘子用线条控件（Line）和形状控件（Shape）控件来生成相应的对象，用列表框（ListBox）对象来输出盘子的移动步骤。
（2）完善程序代码

```
Option Explicit
Private Sub cmdMove_Click()  ' "移动"步骤按钮
    Dim n As Integer
    n = InputBox("请输入盘子数 n=", "盘子数", 3)
    Call Hanoi(n, "A", "B", "C")  'n 个盘子从 A 座借助 B 座，移动到 C 座
    Label4.Caption = "共" & List1.ListCount & "步"
End Sub

Private Sub Hanoi(ByVal n As String, One As String, Two As String, Three As String)
    'n 个盘子从 One 座借助 Two 座，移动到 Three 座
    If n = 1 Then
        Call Convey(One, Three)  '一个盘子从 One 座，移动到 Three 座
    Else
```

```
                    _____ 'n–1 个盘子从 One 座借助 Three 座，移动到 Two 座
            Call Convey(One, Three) '一个盘子从 One 座，移动到 Three 座
                    _____ 'n–1 个盘子从 Two 座借助 One 座，移动到 Three 座
        End If
End Sub

Private Sub Convey(One As String, Three As String)
    '一个盘子从 One 座，移动到 Three 座
        List1.AddItem One & "->" & Three
End Sub

Private Sub cmdClear_Click() ' "清除" 按钮
        List1.Clear
        Label4.Caption = ""
End Sub

Private Sub cmdExit_Click() ' "退出" 按钮
        Unload Me
End Sub
```

（3）运行工程并保存文件

运行程序，输入 3、4、5 等盘子数，记录运行结果，最后将窗体文件保存为 F13-4.frm，工程文件保存为 P13-4.vbp。

实验 14

Visual Basic 程序调试

一、目的和要求

（1）掌握 Visual Basic 常用的程序调试方法。
（2）利用调试窗口观察、跟踪程序运行过程中变量和表达式的值。
（3）学会编写出错处理程序。
（4）学会分析程序中的逻辑错误。

二、预备知识

1. 程序设计中常见的错误类型

一般情况下，在程序设计过程中会出现以下三种类型的错误。

（1）编译错误

编译错误是指程序代码违反了 Visual Basic 的语法规则和语言结构而产生的错误，也称为语法错误。例如，在输入 Visual Basic 代码时，输入了不正确的关键字，缺少了某些必需的标点符号，语言结构不完整（如有 If 没有 End If，有 For 没有 Next），调用了某个不存在的函数或过程，使用了错误的属性或方法，在程序中已经要求强制声明变量（Option Explicit），而有些变量未声明，等等。

违反了 Visual Basic 的语法规则，在程序代码编写过程中 Visual Basic 会立即给予警告，出错行会变成红色（已设置了自动语法检查功能），而其他编译错误，只有在程序进行编译时，才能检测到。

某一个过程在执行前，Visual Basic 先要对此过程进行编译，检测到编译错误，Visual Basic 就会给予警告，直至没有编译错误，才开始执行此过程。

也可以在运行一个工程时，采用"全编译执行"方式（"运行"→"全编译执行"），Visual Basic 会先对工程中所有模块进行编译，检测有无编译错误，然后才启动工程。

编译错误是最容易查找或排除的错误，只要根据错误警告信息，就可以排除这类错误。

（2）运行错误

运行错误是指程序中语句本身并没有错误，但是这些语句无法正确地执行下去，从而导致程序产生错误，造成程序运行中断。例如，变量类型不匹配，除数为 0，调用函数或过程时，参数设置不正确，打开一个不存在的文件，等等。

只有在程序运行后才能检测到运行错误，也称为实时错误。

（3）逻辑错误

逻辑错误也称为算法错误，是指程序设计的总体逻辑思路和算法方面存在问题，它不会使程序运行中断，但不会得到预期的结果。这类错误一般很难查找，只有通过测试应用程序，分析程序的执行流程，借助 Visual Basic 的调试工具来分析和定位错误所在。例如，常见的"死循环"就属于这类错误，可以按<Ctrl+Break>组合键来强行终止程序的执行。

2. Visual Basic 中常用的程序调试方法

（1）进入中断状态调试程序

在 Visual Basic 集成开发环境中，有三种工作状态：设计、运行和中断。在中断状态，用户可以查看变量及属性的当前值，从而了解程序是否正常执行。

进入中断状态的五种方式：

- 发生运行错误时，单击"调试"按钮，进入中断状态；
- 程序在运行过程中，用户按<Ctrl+Break>组合键，或执行了"运行"菜单下的"中断"命令，进入中断状态；
- 用户在程序中设置了断点，当程序执行到断点处时，进入中断状态；
- 采用单步调试方式每运行一个可执行语句行后，进入中断状态；
- 在程序中使用了 Stop 语句，当执行到该语句时，进入中断状态。

（2）利用调试窗口调试程序

Visual Basic 提供了三种用于调试的窗口："本地"窗口、"监视"窗口和"立即"窗口。在进入中断后，可打开调试窗口，查看变量和属性的当前值。

3. 错误处理

错误处理程序是过程中捕获和响应错误的例程，当程序运行正常时，错误处理程序是不起任何作用的，只有当执行到某条错误语句时，才激活错误处理程序。

要使错误处理程序在执行到某条错误语句时被激活，首先要在可能发生运行错误的语句前设置错误陷阱，即在可能发生运行错误的语句前增加一条 On Error 语句。On Error 语句的形式主要有：

On Error Goto ErrorHandler：当发生运行错误时，程序跳转到标签 ErrorHandler 处的错误处理程序开始执行。

On Error Resume Next：当发生运行错误时，忽略错误，程序继续往下执行。

错误处理程序一般放在过程的最后，在错误处理程序的开始，要添加一个标签，在标签的后面必须加冒号。正常的处理程序应放在错误处理程序的前面，在正常的处理程序最后必须加上 Exit Sub 之类的语句，这样在程序正常运行时就不会执行到错误处理程序。

错误处理程序执行完后，为了继续执行操作，要从错误处理程序返回，应使用 Resume

语句，主要形式有：
Resume ErrorHandler：返回到程序中的标签 ErrorHandler 处继续执行。
Resume Next：从错误语句的下一行起继续执行。

三、实验内容

实验 14-1

【题目】

字符串合并。随机生成一串由大写字母组成的字符串，显示在第一个文本框中，随机生成一串数字字符串，显示在第二个文本框中，然后将两个字符串合并，显示在第三个文本框中。合并方法如下：

先将数字字符串反序，然后在字母字符串中每两个字母后面插入一个数字字符，直到插完为止，若数字字符未插完，则剩余的数字字符直接连接到后面。

【要求】

（1）程序运行界面如图 14-1 所示，根据提供的程序设置各个对象的名称和属性，界面上的三个文本框使用控件数组。

（2）将如下有 3 处错误的程序输入到各个命令按钮的 Click 事件代码中，要求程序写成锯齿形格式。

（3）找出其中的错误，并直接在原处修改，不允许增加和删除语句，但可适当调整语句位置。

图 14-1　字符串合并程序运行界面

【实验步骤】

（1）界面设计

请参照图 14-1 所示的界面设计窗体。

（2）输入程序代码并修改其中错误

```
Option Explicit
Private Sub cmdMake_Click() ' "生成" 按钮
    Dim i As Integer, j As Integer, n As Integer
    Dim Pstr As String
    Randomize '随机化语句
```

```
        n = Int(Rnd * 8) + 5 '随机生成字母个数
        For i = 1 To n
            j = Int(Rnd * 26) + 1
            Pstr = Pstr & Chr(64 + j)
        Next i
        txt(0) = Pstr
        n = Int(Rnd * 6) + 5 '随机生成数字个数
        For i = 1 To n
            Pstr = ""
            j = Int(Rnd * 10) + 1
            Pstr = Pstr & Chr(47 + j)
        Next i
        txt(1) = Pstr
        txt(2) = ""
End Sub

Private Sub cmdUnite_Click() ' "合并" 按钮
    Dim X As String, Y As String
    X = txt(0)
    Y = Rever(txt(1))
    txt(2) = Queue(X, Y)
End Sub

Private Sub cmdExit_Click() ' "退出" 按钮
    Unload Me
End Sub

Private Function Rever(ByVal S As String) As String '字符串反序
    Dim i As Integer
    For i = 1 To Len(S)
        Rever = Rever & Mid(S, i, 1)
    Next i
End Function

Private Function Queue(ByVal X As String, ByVal Y As String) As String '字符串合并
    Dim i As Integer, j As Integer
    For i = 1 To Len(X) Step 2
        j = i / 2
        Queue = Queue & Mid(X, i, 2) & Mid(Y, j, 1)
    Next i
```

                Queue = Queue & Mid(Y, j + 1)
            End Function

（3）运行工程并保存文件

直接将错误代码改正，运行程序，观察运行结果，最后将窗体文件保存为 F14-1.frm，工程文件保存为 P14-1.vbp。

实验 14-2

【题目】

数组分析。随机生成一个 5×3 的数组，数组元素的值控制在[20,90]之间，显示在图片框中。然后分析每一个数组元素 X 与它的相反数 Y（如 29 的相反数是 92），若 X、Y 都不是素数，返回 0；若只有 X 是素数，返回 1；若只有 Y 是素数，返回 2；若 X、Y 都是素数，返回 3。最后将分析值显示在图片框中。例如，某一数组元素是 34，则返回 2。

【要求】

（1）程序运行界面如图 14-2 所示，根据提供的程序设置各个对象的名称和属性。

（2）将如下有 3 处错误的程序输入到各个命令按钮的 Click 事件代码中，要求程序写成锯齿形格式。

（3）找出其中的错误，并直接在原处修改，不允许增加和删除语句，但可适当调整语句位置。

【实验步骤】

（1）界面设计

请参照图 14-2 所示的界面设计窗体。

图 14-2 数组分析

（2）输入程序代码并修改其中错误

```
        Option Explicit
        Option Base 1
        Private Sub cmdAnalyse_Click()  ' "分析" 按钮
            Dim i As Integer, j As Integer
            Dim a(5, 3) As Integer
            Randomize
            For i = 1 To 5
                For j = 1 To 3
                    a(i, j) = Int(Rnd * 71) + 20
                    Picture1.Print a(i, j);
```

```
                Next j
                Picture1.Print "|";
                For j = 1 To 3
                    Picture1.Print Analyse(a);
                Next j
                Picture1.Print
            Next i
        End Sub

        Private Sub cmdClear_Click()  '"清除"按钮
            Picture1.Cls
        End Sub

        Private Sub cmdExit_Click()  '"退出"按钮
            End
        End Sub

        Private Function Analyse(ByVal n As Integer) As Integer
            Dim k As Integer
            For k = 1 To 2
                If Prime(n) Then
                    Analyse = Analyse + 1
                End If
                n = (n Mod 10) * 10 + n \ 10
            Next k
        End Function

        Private Function Prime(ByVal n As Integer) As Boolean  '判断素数
            Dim k As Integer
            For k = 2 To Sqr(n)
                If n Mod k = 0 Then
                    Prime = False
                    Exit For
                End If
            Next k
            Prime = True
        End Function
```

(3) 运行工程并保存文件

直接将错误代码改正，运行程序，观察运行结果，最后将窗体文件保存为 F14-2.frm，工程文件保存为 P14-2.vbp。

实验 14-3

【题目】

奇异的三位数。找出满足以下 3 个条件的三位数,以 4 个一行的形式显示在图片框中。

(1) 这些三位数都是素数。

(2) 这些三位数都是有序的。例如,137 为升序,971 为降序。

(3) 这些三位数的各位数字和也是素数。例如,137 的各位数字和 11 是素数。

【要求】

(1) 程序运行界面如图 14-3 所示,根据提供的程序设置各个对象的名称和属性。

(2) 将如下有 3 处错误的程序输入到 "计算" 按钮的 Click 事件代码中,要求程序写成锯齿形格式。

(3) 找出其中的错误,并直接在原处修改,不允许增加和删除语句,但可适当调整语句位置。

【实验步骤】

(1) 界面设计

请参照图 14-3 所示的界面设计窗体。

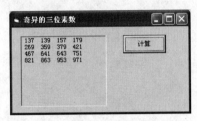

图 14-3 奇异的三位素数

(2) 输入程序代码并修改其中错误

```
Option Explicit
Option Base 1
Private Sub Command1_Click() ' "计算" 按钮
    Dim i As Integer, k As Integer
    Dim sum As Integer
    Dim a() As Integer, b(3) As Integer
    For i = 100 To 999
        Call Separate(i, b) '分离数字
        sum = b(1) + b(2) + b(3)
        If Prime(i) And Prime(sum) And (b(1) - b(2)) * (b(2) - b(3)) > 0 Then
            k = k + 1
            ReDim a(k)
            a(k) = i
        End If
    Next i
```

```
            k = 0
            For i = 1 To UBound(a)
                k = k + 1
                Picture1.Print a(i);
                If k = 4 Then
                    Picture1.Print
                End If
            Next i
        End Sub

        Private Sub Separate(ByVal n As Integer, Num() As Integer)
            Dim i As Integer
            Dim char As String
            char = Str(n)
            For i = 1 To 3
                Num(i) = Val(Mid(char, i, 1))
            Next i
        End Sub

        Private Function Prime(ByVal n As Integer) As Boolean '判断素数
            Dim i As Integer
            Prime = True
            For i = 2 To n - 1
                If n Mod i = 0 Then
                    Prime = False
                    Exit For
                End If
            Next i
        End Function
```

（3）运行工程并保存文件

直接将错误代码改正，运行程序，观察运行结果，最后将窗体文件保存为 F14-3.frm，工程文件保存为 P14-3.vbp。

实验 14-4

【题目】

矩阵加密。采用矩阵变换可以实现对西文字符进行加密。取大于等于原文长度的最小平方数 n^2，构造一个 $n \times n$ 的矩阵，将原文中的字符逐个按行写入该矩阵，多余的矩阵元素则写入空格字符，再按列读出此矩阵，即为密文，如图 14-4 所示。

【要求】

（1）程序运行界面如图 14-4 所示，根据提供的程序设置各个对象的名称和属性。

（2）将如下有 3 处错误的程序输入到"加密"按钮的 Click 事件代码中，要求程序写成锯齿形格式。

（3）找出其中的错误，并直接在原处修改，不允许增加和删除语句，但可适当调整语句位置。

【实验步骤】

（1）界面设计

请参照图 14-4 所示的界面设计窗体。

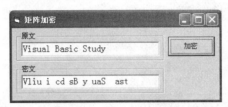

图 14-4　矩阵加密

（2）输入程序代码并找出其中错误

```
Option Explicit
Option Base 1
Private Sub Command1_Click() ' "加密" 按钮
    Dim Char As String
    Char = Text1
    Text2 = Encode(Char)
End Sub

Private Function Encode(ByVal ort As String) As String
    Dim i As Integer, j As Integer, k As Integer
    Dim P() As String
    Dim nLen As Integer, RowCol As Integer
    nLen = Len(ort)
    RowCol = MatRC(nLen)
    ReDim P(RowCol, RowCol)
    For i = 1 To RowCol
        k = k + 1
        For j = 1 To RowCol
            If k <= nLen Then
                P(i, j) = Mid(ort, k, 1)
            Else
                P(i, j) = " " '引号中间有 1 个空格
            End If
        Next j
    Next i
```

```
                For i = 1 To RowCol
                    For j = 1 To RowCol
                        Encode = Encode & P(i, j)
                    Next j
                Next i
            End Function


            Private Function MatRC(n As Integer) As Integer
                Do
                    If Sqr(n) = Int(Sqr(n)) Then
                        MatRC = Sqr(n)
                        Exit Do
                    Else
                        n = n + 1
                    End If
                Loop
            End Function
```

（3）运行工程并保存文件

直接将错误代码改正，运行程序，观察运行结果，最后将窗体文件保存为 F14-4.frm，工程文件保存为 P14-4.vbp。

实验 14-5

【题目】

求三角形面积。根据三角形三边长度，利用海伦公式计算三角形面积。

海伦公式如下：

$$Area = \sqrt{S \times (S-a) \times (S-b) \times (S-c)}, \text{其中} S = \frac{a+b+c}{2}$$

程序运行界面如图 14-5 所示。

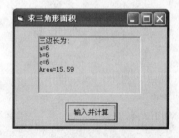

图 14-5　求三角形面积程序运行界面

【要求】

（1）三角形三边长度从键盘输入。

（2）编写出错处理程序，对不能构成三角形的三边长进行处理。

【分析】

若输入的三边长不能构成三角形，开方函数 Sqr(X)的参数 X 就出现负数，包含该函数的语句执行时就会出错，此时就让程序转到出错处理，提示边长输入有错，要求重新输入。

【实验步骤】

（1）界面设计

请参照图 14-5 所示的界面设计窗体。

（2）完善程序代码

```
Option Explicit
Option Base 1
Private Sub Command1_Click()
    Dim ErrMsg As String
    Dim a As Single, b As Single, c As Single
    Dim s As Single, Area As Single
    On Error GoTo Errdp
Start:
    Picture1.Cls '清除图片框
    Picture1.Print "三边长为："
    a = InputBox("请输入边长 a=", "输入边长")
    Picture1.Print "a="; a
    b = InputBox("请输入边长 b=", "输入边长")
    Picture1.Print "b="; b
    c = InputBox("请输入边长 c=", "输入边长")
    Picture1.Print "c="; c
    s = (a + b + c) / 2
    Area = _____
    Picture1.Print "Area="; Format(Area, "0.0#") '输出面积
    Exit Sub
Errdp:
    ErrMsg = Err.Description & vbNewLine _
        & "输入的三条边的边长不能构成三角形，请重输!"
    MsgBox ErrMsg, vbExclamation, "出错提示"
    Resume Start '返回
End Sub
```

（3）运行工程并保存文件

运行程序，输入三角形的三边长，观察运行结果，最后将窗体文件保存为 F14-5.frm，工程文件保存为 P14-5.vbp。

实验 15

文件操作

一、目的和要求

（1）掌握文件管理控件的使用方法。
（2）掌握顺序文件、随机文件和二进制文件的特点和区别。
（3）掌握三种类型文件的建立和数据的读/写方法。
（4）掌握常用文件操作函数和文件操作命令的使用方法。

二、预备知识

在 Visual Basic 中，与文件管理相关的控件有驱动器列表框（DriveListBox）、目录列表框（DirListBox）和文件列表框（FileListBox）。通过相关属性和代码设置就可以实现对文件和文件夹的访问与操作。具体内容请参见教材相关章节。

Visual Basic 可直接访问顺序文件、随机文件和二进制文件，对每一种类型文件的访问，大致有以下三个步骤：

（1）打开文件，使用 Open 语句。
（2）对文件进行读或写操作，不同的文件访问类型，使用不同的关键字。
（3）关闭文件，使用 Close 语句或 Reset 语句。

三、实验内容

实验 15-1

【题目】
简易图片浏览器。按图 15-1 所示设置程序的运行界面，制作一个简易的图片浏览器。
【要求】
（1）在窗体上添加一个驱动器列表框对象 Drive1、一个目录列表框对象 Dir1、一个文件列表框对象 File1、一个图象框对象 Image1 和两个框架对象 Frame1 和 Frame2。

(2) 当在文件列表框中选择一个图片文件时，所选择的图片立即显示在 Image1 对象中。

(3) 三个文件管理控件要求同步变化，文件列表框 File1 中只能显示图片类型文件。

【分析】

要实现驱动器列表框和目录列表框之间的同步变化，应在驱动器列表框的 Change 事件代码中写入以下语句：

```
Dir1.Path = Drive1.Drive
```

要实现目录列表框和文件列表框之间的同步变化，应在目录列表框的 Change 事件代码中写入以下语句：

```
File1.Path = Dir1.Path
```

要用程序方式控制显示在图象框或图片框中的图片，应使用 LoadPicture（PictureName）函数。

要使文件列表框中显示指定类型的文件，应设置文件列表框的 Pattern 属性。

【实验步骤】

(1) 界面设计

请参照图 15-1 所示的界面设计窗体。

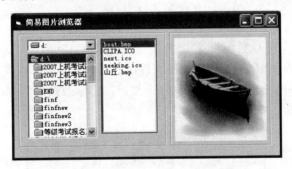

图 15-1 简易图片浏览器

(2) 完善程序代码

```
Option Explicit
Private Sub Drive1_Change()
    Dir1.Path = Drive1.Drive '驱动器列表框和目录列表框之间的同步变化
End Sub

Private Sub Dir1_Change()
    _____ '目录列表框和文件列表框之间的同步变化
End Sub

Private Sub File1_Click()
    Dim Pstr As String
    If Len(Dir1.Path) > 3 Then
```

```
            Pstr = Dir1.Path & "\" & File1.FileName
        Else
            Pstr = Dir1.Path & File1.FileName
        End If
        Image1.Picture = _____  '显示图片
    End Sub

    Private Sub Form_Load()
        File1.Pattern = "*.bmp;*.jpg;*.gif;*.ico" '显示指定类型的文件
    End Sub
```

（3）运行工程并保存文件

预先准备好一些图片文件，运行程序，选择图片文件，观察运行结果，最后将窗体文件保存为 F15-1.frm，工程文件保存为 P15-1.vbp。

实验 15-2

【题目】

顺序文件的操作。打开磁盘上的一个文本文件，将其内容显示在文本框中，然后在文本框中修改文件内容，并将修改结果保存在原文件中。

【要求】

（1）预先用记事本在 C 盘根目录中建立一个文本文件 File.txt，文件内容自行输入。

（2）单击"打开"按钮，打开 File.txt 文件，并将其内容显示在文本框中。

（3）修改文本框中的内容，单击"保存"按钮，将修改结果保存在原文件中。

程序运行界面如图 15-2 所示。

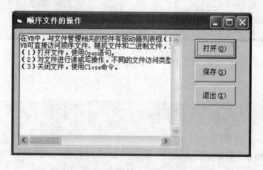

图 15-2　顺序文件的操作程序运行界面

【分析】

对顺序文件的操作必须先用 Open 语句打开该文件，打开方式有读方式、写方式和追加方式三种。以某种方式打开后，只能以此方式操作该文件。

（1）以读方式打开一个文件，语句格式如下：

```
Open FileName For Input As #FileNumber
```

FileName：文件名，包含路径

For Input：以读方式打开顺序文件

FileNumber：给文件分配一个文件号（1～512），以后使用此文件号对该文件进行操作。

（2）以写方式打开一个文件，语句格式如下：

 Open FileName For Output As #FileNumber
 For Output：以写方式打开顺序文件

（3）以追加方式打开一个文件，语句格式如下：

 Open FileName For Append As #FileNumber
 For Append：以追加方式打开顺序文件

打开文件后，就可对文件以指定方式进行操作。例如，读取用 Input 命令或 Line Input 命令，写入用 Print 命令或 Write 命令。

操作完成后，将文件关闭。例如，Close #1，表示关闭 1 号文件。

【实验步骤】

（1）界面设计

请参照图 15-2 所示的界面设计窗体。

（2）完善程序代码

```
Option Explicit
Private Sub Command1_Click() ' "打开"按钮
    Dim ct As String, Result As String
    Dim FileNum As Integer
    FileNum = FreeFile() '得到一个未被使用的文件号
    Open "C:\File.txt" For Input As #FileNum '以读方式打开顺序文件
    Do While Not EOF(FileNum)
        Line Input #FileNum, ct '按行方式读取文件中的一行
        Result = Result & ct & vbCrLf
    Loop
    Text1 = Result
    Close #FileNum '关闭文件
End Sub

Private Sub Command2_Click() ' "保存"按钮
    Dim ct As String
    Dim FileNum As Integer
    FileNum = FreeFile() '文件号
    _____ '以写方式打开顺序文件
    Print #FileNum, Text1 '写到文件中
    Close #FileNum '关闭文件
End Sub

Private Sub Command3_Click() ' "退出"按钮
    Unload Me
End Sub
```

（3）运行工程并保存文件

运行程序，观察运行结果，最后将窗体文件保存为 F15-2.frm，工程文件保存为 P15-2.vbp。

实验 15-3

【题目】

课程表维护。应用随机文件，实现课程表信息的查看和添加功能。每条记录包含的字段有课程代号（Num）、课程名称（CourseName）、课程性质（Quality）、学时数（Period）和学分（CdHour），程序的运行界面如图 15-3 所示。

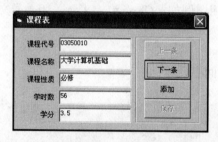

图 15-3　课程表维护程序的运行界面

【要求】

（1）程序运行时，将 C:\Course.txt 文件打开，并显示第一条记录的内容。
（2）处理好 4 个命令按钮之间的有效性。
（3）4 个命令按钮和 5 个文本框都使用控件数组。

【分析】

首先要添加一个标准模块，在标准模块中用 Type 建立一个记录结构类型，字符串类型的字段必须用定长字符串类型，在窗体的通用声明部分，定义一个记录类型的变量。

【实验步骤】

（1）界面设计

请参照图 15-3 所示的界面设计窗体。

（2）添加程序代码

① 在标准模块中添加代码：

```
Option Explicit
Public Type Courses
    Num As String * 8  '课程代号
    CourseName As String * 20  '课程名称
    Quality As String * 4  '课程性质:填必修或选修
    Period As Integer  '学时数
    CdHour As Single  '学分
End Type
```

② 在窗体中添加代码：

```
Option Explicit
```

```vb
Dim Course As Courses '定义一个记录类型的变量
Dim CurrentRec As Integer '当前记录号
Dim LastRec As Integer '最后一条记录的记录号
Dim FileNum As Integer '文件号
Private Sub Form_Load()
    FileNum = FreeFile()
    Open "C:\Course.txt" For Random As #FileNum Len = Len(Course) '打开随机文件
    LastRec = LOF(FileNum) / Len(Course)
    If LastRec > 0 Then
        CurrentRec = 1
        Call PlayRec '显示当前记录
    End If
    Call cmdValid '设置命令按钮的有效性
    Call txtLocked(True) '设置文件框的只读属性
End Sub

Private Sub cmd_Click(Index As Integer)
    Select Case Index
        Case 0
            CurrentRec = CurrentRec - 1
            Call PlayRec
            Call cmdValid
        Case 1
            CurrentRec = CurrentRec + 1
            Call PlayRec
            Call cmdValid
        Case 2
            Call txtClear
            txtCourse(0).SetFocus
            Call txtLocked(False)
            cmd(0).Enabled = False
            cmd(1).Enabled = False
            cmd(2).Enabled = False
            cmd(3).Enabled = True
        Case 3
            Course.Num = txtCourse(0)
            Course.CourseName = txtCourse(1)
            Course.Quality = txtCourse(2)
            Course.Period = txtCourse(3)
            Course.CdHour = txtCourse(4)
```

```vb
                LastRec = LastRec + 1
                CurrentRec = LastRec
                Put #FileNum, LastRec, Course '将数据写入到随机文件
                Call cmdValid
                Call txtLocked(True)
        End Select
End Sub

Private Sub txtClear()
    Dim i As Integer
    For i = 0 To 4
        txtCourse(i) = ""
    Next i
End Sub

Private Sub txtLocked(ByVal isLock As Boolean)
    Dim i As Integer
    For i = 0 To 4
        txtCourse(i).Locked = isLock
    Next i
End Sub

Private Sub PlayRec()
    Get #FileNum, CurrentRec, Course '读取当前记录
    txtCourse(0) = Course.Num
    txtCourse(1) = Course.CourseName
    txtCourse(2) = Course.Quality
    txtCourse(3) = Course.Period
    txtCourse(4) = Course.CdHour
End Sub

Private Sub cmdValid()
    If CurrentRec <= 1 Then
        cmd(0).Enabled = False
    End If
    If CurrentRec > 1 Then
        cmd(0).Enabled = True
    End If
    If CurrentRec = LastRec Then
        cmd(1).Enabled = False
    End If
```

```
            If CurrentRec < LastRec Then
                cmd(1).Enabled = True
            End If
            cmd(2).Enabled = True
            cmd(3).Enabled = False
    End Sub
```

(3)运行工程并保存文件

运行程序,观察运行结果,最后将窗体文件保存为 F15-3.frm,标准模块文件保存为 M15-3.bas,工程文件保存为 P15-3.vbp。

实验 15-4

【题目】

加密和解密。利用异或算法对二进制文件进行加密和解密。

【要求】

(1)编写一个通用的 Sub 过程对文件进行加密和解密。
(2)编写一个通用的 Sub 过程,显示文件内容。
(3)窗体上的两个命令按钮使用控件数组。

程序的参考界面如图 15-4 所示。

【分析】

异或算法有这样一个特点:

若 A Xor B = C,则 C Xor B = A(A、B、C 都是数字)。

利用这个特点,可以对文件进行加密和解密。

这里的 A 是明码,C 是密码,而 B 是密钥。

【实验步骤】

(1)界面设计

请参照图 15-4 所示的界面设计窗体。Text1 设置为多行文本框,并设置显示水平滚动条和垂直滚动条。两个命令按钮使用控件数组。

事先建立文件 C:\data.txt,文件内容可参照图 15-4 所示输入。

图 15-4 利用异或算法加密和解密

(2)添加程序代码

```
Option Explicit
Const FileName As String = "C:\data.txt"
```

```vb
Dim Key As String
Private Sub Form_Load()
    Text1 = ReadFile(FileName)
End Sub

Private Sub cmd_Click(Index As Integer) ' "加密"和"解密"按钮
    If Index = 0 Then
        Key = InputBox("请输入加密密钥：", "密钥")
    End If
    Call Encrypt(Key, FileName)
    Text1 = ReadFile(FileName)
End Sub


Private Sub Encrypt(ByVal Key As String, ByVal FileName As String)
    Dim i As Integer, j As Integer
    Dim ch As Byte '字节型变量
    Dim Pstr As String
    Dim FileNumber As Integer '文件号
    FileNumber = FreeFile() '得到文件号
    Open FileName For Binary As #FileNumber '以二进制文件方式打开
    For i = 1 To LOF(FileNumber) '文件中的字节数
        Get #FileNumber, i, ch '从二进制文件中读取一个字节
        '加密或解密
        For j = 1 To Len(Key)
            Pstr = Mid(Key, j, 1)
            ch = ch Xor Asc(Pstr)
        Next j
        Put #FileNumber, i, ch '将加密或解密后的字节写入该二进制文件中
    Next i
    Close #FileNumber
End Sub

Private Function ReadFile(ByVal FileName As String) As String '读取文件中的内容
    Dim FileNumber As Integer '文件号
    Dim Pstr As String
    FileNumber = FreeFile() '得到文件号
    Open FileName For Input As #FileNumber '以顺序文件方式打开
    Do While Not EOF(FileNumber)
        Line Input #FileNumber, Pstr
        ReadFile = ReadFile & Pstr & Chr(13) & Chr(10)
```

```
            Loop
            ReadFile = Left(ReadFile, Len(ReadFile) - 2)
            Close #FileNumber
        End Function
```

(3) 运行工程并保存文件

运行程序，单击"加密"和"解密"按钮，观察运行结果，最后将窗体文件保存为 F15-4.frm，工程文件保存为 P15-4.vbp。

实验 16

Visual Basic 高级应用

一、目的和要求

（1）熟悉标准坐标系统。
（2）掌握自定义坐标系统的方法。
（3）掌握 Visual Basic 的图形控件和常用的绘图方法。
（4）掌握多媒体控件 MMControl 控件的使用方法。
（5）掌握数据库管理器的使用。
（6）掌握数据绑定控件的使用。
（7）掌握 ADODC 数据控件的使用。
（8）掌握数据环境的使用方法以及数据报表的设计方法。

二、预备知识

1. 图形处理

在 Visual Basic 中，每个对象都定位于存放它的容器，对象定位使用容器的坐标系。对象的定位使用 Left、Top、Width 和 Height 属性，这些属性值的单位必须与其所在容器的 ScaleMode 属性一致。在 Visual Basic 中，每个容器都有一个坐标系，容器的左上角为默认坐标系的原点(0,0)，坐标系中的 X 轴向右，Y 轴向下延伸。合理使用 ScaleTop、ScaleLeft、ScaleHeight、ScaleWidth 属性或 Scale 方法可以建立一个带有正负坐标的用户自定义坐标系。Scale 方法的语法结构如下：

[对象.]Scale (X1, Y1)-(X2, Y2)

在 Visual Basic 中，可以使用 QBColor 函数、RGB 函数、系统常数和颜色码这 4 种方法设置颜色。QBColor 函数和 RGB 函数的语法结构如下：

QBColor(颜色参数)
RGB(red, green, blue)

在 Visual Basic 中，可以使用图形控件或绘图方法来绘制图形。常用的图形控件有线条控件（Line）、形状控件（Shape）、图片框控件（PictureBox）和图像框控件（Image）；常用的绘图方法有 PSet 方法（在指定位置用指定颜色画点）、Line 方法（画直线或矩形）、Circle 方法（画圆、椭圆或圆弧）。常用绘图方法的语法结构如下：

[对象.]PSet [Step](x, y)[, 颜色]

[对象.]Line [[Step](x1, y1)] - [Step](x2, y2)[, 颜色] [,B][F]

[对象.]Circle [Step](x, y), 半径[, 颜色, 起点, 终点, 纵横比]

对于数学曲线，在绘制时只需用程序画出曲线上的每一个点即可，有两种方法：

（1）直接用 PSet 方法画出每一个点。

（2）使用 Line 方法连接相邻的两点。

2．多媒体处理

Animation 控件和 MMControl 控件都是多媒体编程中最常用的控件。其中：

Animation 控件能播放有关应用程序的无声动画（AVI 动画）。AVI 动画类似于电影，由若干帧位图组成。特点：在运行时，不具有自己的图文框，使用一个独立的线程，应用程序不会被阻塞，可以继续在自己的进程中运行。

MMControl 控件通常被用来向声卡、MIDI 序列发生器、CD-ROM 驱动器、音频播放器、视盘播放器和视频磁带录放器等设备发出 MDI 命令。MMControl 控件具有一组执行 MCI 命令的按钮，这些命令与通常的 CD 机或录像机上的命令（功能）很相像。哪些按钮可用，MMControl 控件提供哪些功能，取决于特定计算机的硬件和软件配置。

3．数据库应用

Visual Basic 默认的数据库是 Access 数据库，文件的扩展名是.mdb，可以在 Access 中创建，也可以在 Visual Basic 提供的可视化数据管理器中创建。ADO（ActiveX Data Object）数据访问接口是一种 ActiveX 对象，是由 Microsoft 公司推出的最新、功能最强的应用程序接口。ADODC 控件是 Visual Basic 用于数据库操作的控件，在使用之前必须在"部件"对话框的"控件"选项卡中选择"Microsoft ADO Data Control 6.0（OLEDB）"选项，将其添加到工具箱中。

利用 ADODC 控件和数据绑定控件只需编写很少的代码就可以访问多种数据库中的数据。数据绑定控件要与 ADODC 数据控件绑定，一般要设置 DataSource 和 DataField 两个属性，其绑定步骤如下：

（1）首先在窗体中添加数据控件（如 ADODC 控件）和数据绑定控件（如 Text 控件）。

（2）设置数据绑定控件的 DataSource 属性，指定想要绑定的 ADODC 控件的名称。

（3）设置数据绑定控件的 DataField 属性，与 ADODC 控件的记录集中的字段进行关联。

数据环境设计器（Data Environment）为数据库应用程序的开发提供了一个交互式的环境，能够可视化地创建和修改表、表集和报表。Data Environment 设计器保存在.dsr 文件中，选择"工程"→"添加 Data Environment"命令，可将数据环境设计器添加到工程中。

Visual Basic 中集成了数据报表设计器（Data Report Designer），利用 DataReport 对象可以从任何数据源创建报表，从而使报表的制作变得很方便。选择"工程"→"添加 Data Report"命令，可将数据报表设计器添加到当前工程中，产生一个 DataReport1 对象，并在工具箱中产生一个"数据报表"标签。

三、实验内容

实验 16-1

【题目】

自定义图片框控件的坐标系统,运行时在图片框上画出 X 轴、Y 轴及原点,用鼠标单击图片框,用动画的方式画出余弦曲线。程序运行界面如图 16-1 所示。

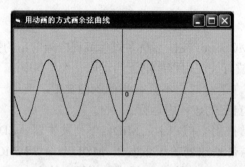

图 16-1 用动画的方式画余弦曲线

【要求】

(1) X 和 Y 坐标轴的颜色为红色。
(2) 余弦曲线的颜色为蓝色。
(3) 余弦曲线的一半高度为图片框控件高度的 1/4。

【分析】

图 16-1 中绘制的 X 轴和 Y 轴与 Visual Basic 系统默认的坐标系不同,因此在程序中可以先使用 Scale 方法自定义坐标系,然后再使用 Line 方法绘制 X 轴和 Y 轴,原点 0 的绘制可以先设置 CurrentX 和 CurrentY 为中心点坐标,然后使用 Print 方法打印字符 0。

使用 PSet 方法和定时器控件结合,每画完一个点都延时一下,就可以实现以动画的方式绘制余弦曲线。系统中设置延时时间为 10ms。

【实验步骤】

(1) 界面设计

请参照图 16-1 所示的界面设计窗体,一个图片框 Picture1 作为绘图容器,一个定时器 Timer1 用来实现动画。

设置图片框 Picture1 的 ScaleMode 属性为 3-Pixel,定时器 Timer1 的 Interval 属性为 10,每 10ms 定时一次,Enabled 属性为 False,即程序启动时定时器无效。

(2) 完善程序代码

```
Option Explicit
Dim oldx As Single 'oldx 为模块级变量,每画完一个点其 X 坐标值需要保留
Private Sub Form_Load()
    Picture1.Scale (-800, -300)-(800, 300) '自定义坐标系
```

```
        End Sub
        Private Sub Form_Paint()  '窗体绘制事件
            Picture1.Cls  '清除 Picture1 中所有图形
            _____  '用红色绘制 Y 轴
            _____  '用红色绘制 X 轴
            '设置 CurrentX、CurrentY 为中心点坐标，然后绘制原点
            Picture1.CurrentX = _____
            Picture1.CurrentY = _____
            Picture1.Print 0
        End Sub

        Private Sub Picture1_Click()  '用鼠标单击 Picture1 时触发
            _____  '定时器有效
            oldx = Picture1.ScaleLeft
        End Sub

        Private Sub Timer1_Timer()
            Dim oldy As Single
            oldx = oldx + 1
            oldy = Cos(oldx * 3.1415926 / 180) * Picture1.ScaleHeight / 4 + _
                Picture1.ScaleTop + Picture1.ScaleHeight / 2
            _____  '用蓝色绘制余弦曲线上的一个点
        End Sub
```

(3) 运行工程并保存文件

运行程序，用鼠标单击图片框，观察运行结果，最后将窗体文件保存为 F16-1.frm，工程文件保存为 P16-1.vbp。

实验 16-2

【题目】

建立一个 CD 播放器应用程序，用户可用这个 CD 播放器选择任意想播放的曲目，并且能够向用户显示选中的曲目，程序运行界面如图 16-2 所示。

【要求】

（1）应用程序具有一个"唱片"菜单（含"选择播放曲目"和"退出"两个子菜单）。单击"选择播放曲目"菜单项，显示"打开文件"对话框，从中可以选择任意要播放的曲目。单击"退出"按钮，结束应用程序。

（2）使用 Label 标签显示用户选中曲目，背景为黑色，文字为黄色，字体大小为 16 磅。

【分析】

应用程序中出现的菜单在设计时通过菜单编辑器来实现。显示"打开文件"对话框可以通过引入通用对话框控件来实现，在打开此对话框前，可以设置其 Filter 属性，来控制其显示的文件类型。

CD 播放器可以通过 MMControl 控件来实现，由于 CD 播放器中录音按钮不需要，所以可以在 MMControl 控件的属性页中将"录音可视"设置为不可用。

在 CD 光盘中，不同 CD 文件的名字长度相同。例如，假设光驱为 E 盘，那么第一首歌曲的文件名为"E:\Track01.cda"，第二首歌曲的文件名为"E:\Track02.cda"，这样所有文件名的第 9 和第 10 两个字符代表文件所在的音轨位置，可以使用 Mid 函数取得曲目所在的轨迹位置。

【实验步骤】

（1）界面设计

请参照图 16-2 所示的界面设计窗体，一个标签控件 Label1 显示曲目，一个多媒体控件 MMControl1 播放 CD 音乐，一个通用对话框控件 CommonDialog1 显示"打开文件"对话框。利用菜单编辑器设计菜单。

在多媒体控件 MMControl1 的属性页对话框中，将"录音可视"设置为不可用。

将标签控件 Label1 的 BorderStyle 属性设置为 1-Fixed Single，设置其 BackColor 属性为黑色，设置其 ForeColor 属性为黄色，设置字体大小为 16，设置其 Caption 属性为"显示播放曲目"，设置其 AutoSize 属性为 True。

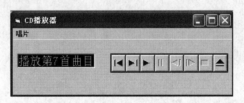

图 16-2 CD 播放器程序运行界面

（2）完善程序代码

```
Option Explicit
Private Sub mnuChoose_Click() '选择播放曲目菜单项
    _____  '只显示扩展名为 cda 的文件
    CommonDialog1.ShowOpen '显示打开文件对话框
    _____  '打开文件之前关闭多媒体设备
    _____  '指定媒体设备类型为 CDAudio
    MMControl1.UpdateInterval = 1000 '指定 StatusUpdate 事件时间间隔为 1 秒
    _____  '打开多媒体设备
    MMControl1.TimeFormat = 10 '设置媒体设备的时间格式为轨迹方式
    MMControl1.To = _____  '确定开始播放的轨迹
    MMControl1.Track = MMControl1.To '使轨迹数等于 To 属性的数值
    MMControl1.Command = "seek" '多媒体设备进行定位
End Sub

Private Sub mnuExit_Click() '退出菜单项
    MMControl1.Command = "stop" '多媒体设备停止播放
    Unload Me
```

```
       End Sub

    Private Sub MMControl1_StatusUpdate()
       Label1.Caption = "播放第" & CStr(MMControl1.TrackPosition) & "首曲目"
    End Sub
```

（3）运行工程并保存文件

运行程序，分别单击"选择播放曲目"和"退出"菜单项，观察运行结果，最后将窗体文件保存为 F16-2.frm，工程文件保存为 P16-2.vbp。

实验 16-3

【题目】

实现一个学生成绩管理应用程序。

【要求】

（1）应用程序中所用数据库名为 Student.mdb，表名为 Score，表结构见表 16-1。

表 16-1 Score 表字段信息

字 段 名	数 据 类 型	长 度	备 注
Name	Text	10	姓名
No	Text	8	学号
Class	Text	10	班级名称
Chinese	Single		语文成绩
Math	Single		数学成绩
English	Single		英语成绩

（2）利用 ADO 数据控件实现记录的添加、删除及浏览功能。

（3）程序运行界面如图 16-3 所示，运行时在 ADO 数据控件的空白区域显示当前显示记录所在的位置和总记录数。

（4）为应用程序设计查询功能，包括按姓名查找和按学号查找。

（5）使用数据报表设计器设计一张如图 16-4 所示的报表，要求如下：

① 标题为"学生成绩表"，字体为三号加粗宋体。

② 在报表的底部添加报表打印的日期和总人数的汇总信息。

（6）在界面上添加"打印报表"按钮，单击后显示此数据报表。

【分析】

显示当前记录所在的位置和总记录数，应该使用 ADO 数据控件 Recordset 属性的 AbsolutePosition 属性和 RecordCount 属性。ADO 数据控件的 MoveComplete 事件在当前记录指针发生改变后触发，因此，可以将显示当前记录所在的位置和总记录数的代码放在此事件过程中完成。

"删除"按钮使用 Recordset 属性的 Delete 方法删除当前记录，为了使数据绑定控件不再显示已被删除的记录，必须将记录指针移到下一条记录，并判断记录指针是否移动出界。

单击"移动"按钮出现输入框，在输入框中输入移动的记录数，并使用 Recordset 属性的 Move 方法移动记录指针到指定位置，如果输入的移动数超出范围，则移动到最后一条记录。

按姓名查找和按学号查找使用的是 Recordset 属性的 Find 方法,其中按学号查找使用的是精确查询,按姓名查找使用的是模糊查询。

制作数据报表必须使用数据环境设计器和数据报表设计器。

【实验步骤】

(1)界面设计

请参照图 16-3 所示的界面设计窗体,一个 ADO 数据控件 Adodc1 与 Student.mdb 数据库中的 Score 表链接,六个文本框作为数据绑定控件分别和 Adodc1 中的 6 个字段绑定,五个命令按钮分别实现"增加"、"删除"、"保存"、"移动"和"打印报表"功能,两个文本框和两个命令按钮实现查询功能。

图 16-3　学生成绩管理系统运行界面

(2)数据报表设计

利用数据环境设计器和数据报表设计器设计如图 16-4 所示的报表。

学生成绩表

班级:	三(6)班	语文:	86
学号:	03080101	数学:	94
姓名:	李小明	英语:	98
班级:	三(5)班	语文:	78
学号:	03080102	数学:	82
姓名:	赵雷	英语:	87
班级:	三(5)班	语文:	65
学号:	03080103	数学:	56
姓名:	王强	英语:	70
班级:	三(7)班	语文:	88
学号:	03080201	数学:	87
姓名:	陈敏	英语:	93
班级:	三(7)班	语文:	98
学号:	03080202	数学:	100
姓名:	王晗	英语:	99

总人数: 5
2007年8月18日

图 16-4　学生成绩管理系统中的数据报表

(3)完善程序代码

```
Option Explicit
Private Sub cmdAdd_Click() '"增加"按钮
    _____  '增加记录
```

End Sub

Private Sub cmdDelete_Click() ' "删除"按钮
    Dim msg As Integer
    msg = MsgBox("要删除当前记录吗?", vbYesNo + vbQuestion, "删除记录")
    If msg = vbYes Then
        _____ '删除记录
        Adodc1.Recordset.MoveNext
        If _____ Then
            Adodc1.Recordset.MoveLast
        End If
    End If
End Sub

Private Sub cmdSave_Click() ' "保存"按钮
    _____ '保存记录
End Sub

Private Sub cmdMove_Click() ' "移动"按钮
    Dim n As Integer
    n = Val(InputBox("请输入移动记录数:", "移动记录"))
    If n = 0 Then
        Exit Sub
    Else
        _____ '移动 n 条记录
        If Adodc1.Recordset.EOF Then
            MsgBox "移动出界", vbOKOnly, "移动记录"
            _____ '将指针移动到最后一条记录
        End If
    End If
End Sub

Private Sub cmdReport_Click() ' "打印报"表按钮
    DataReport1.Show '显示数据报表
End Sub

Private Sub cmdFindName_Click() ' "按姓名查找"按钮
    Dim strFind As String
    '按姓名字段进行模糊查找,需要查找的信息在文本框 Text1 中输入
    strFind = "Name Like '" & Text1 & "*'"

```
        Adodc1.Recordset.Find strFind
        If Adodc1.Recordset.EOF Then
            MsgBox "没有找到！", vbOKOnly, "按姓名查找"
            Adodc1.Recordset.MoveLast
        End If
End Sub

Private Sub cmdFindNo_Click()  '"按学号查找"按钮
    Dim strFind As String
    '按学号字段进行精确查找，需要查找的信息在文本框 Text2 中输入
    strFind = "No= '" & Text2 & "'"
    Adodc1.Recordset.Find strFind
    If Adodc1.Recordset.EOF Then
        MsgBox "没有找到！", vbOKOnly, "按学号查找"
        Adodc1.Recordset.MoveLast
    End If
End Sub

Private Sub Adodc1_MoveComplete( _
ByVal adReason As ADODB.EventReasonEnum, ByVal pError As ADODB.Error, _
adStatus As ADODB.EventStatusEnum, ByVal pRecordset As ADODB.Recordset)
    Adodc1.Caption = Adodc1.Recordset.AbsolutePosition & "/" & _
        Adodc1.Recordset.RecordCount  '显示当前记录所在的位置和总记录数
End Sub
```

（4）运行工程并保存文件

运行程序，观察运行结果，最后将窗体文件保存为 F16-3.frm，数据环境设计器文件保存为 D16-3.dsr，数据报表文件保存为 R16-3.dsr，工程文件保存为 P16-2.vbp。

实验 17

综合练习

一、目的和要求

（1）综合运用所学知识。
（2）进一步加强窗体设计能力。
（3）进一步提高分析程序和调试程序的能力。
（4）进一步加强程序设计能力。

二、预备知识

教材各章节的主要内容（略）。

三、实验内容

实验 17-1

【题目】
建立一个窗体，在窗体中添加三个滚动条和一个文本框，如图 17-1 所示。

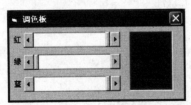

图 17-1　调色板

【要求】
（1）为每个滚动条设置一个说明标签，并且按图 17-1 所示设置标签的标题。
（2）将窗体的边框属性设置为"3-Fixed Dialog"。

（3）将文本框的初始文本设置为空，背景色为黑色。

（4）将窗体的标题设置为"调色板"，三个滚动条使用控件数组，对象名称为 hsbColor。

（5）为每个滚动条设置属性：最大值、最小值分别为 255 和 0；滑块移动的最小、最大增量值分别为 1 和 255。

（6）编写滚动条 Change 事件代码，当滚动条滑块位置改变时，以三个滑块所处位置的值作为红、绿、蓝三种颜色值，以这三值调成的颜色作为文本框的背景颜色。图 17-1 是红色、蓝色滚动条滑块在最大位置，绿色滚动条滑块在最小位置时所得到的图形。

【说明】

新建窗体和工程，将窗体和工程以 F17-1.frm 和 P17-1.vbp 保存到指定的位置。

实验 17-2

【题目】

以下程序运行后，单击"添加"命令按钮 Command1 时，将组合框中文字内容作为第一项添加到组合框中，如果组合框为空则不予添加并给出提示。单击"删除"命令按钮 Command2 时，将组合框选中的项目删除，如果没有可删除项目或未选中项目，则给出提示。

【要求】

（1）按图 17-2 所示，设计程序的界面，一个组合框，两个命令按钮。窗体及其中各对象的大小和位置适合，并设置一些标题属性。同时，设置窗体不能最大化和最小化。

图 17-2 添加和删除组合框选项

（2）将如下有 3 处错误的程序输入到"添加"和"删除"命令按钮的 Click 事件代码以及窗体的 Load 事件代码中。

（3）找出其中的错误，并直接在原处修改。

```
Option Explicit
Private Sub Command1_Click()
    If Combo1.Text = 0 Then
        MsgBox "没有内容，不予添加"
        Combo1.SetFocus
    Else
        Combo1.AddItem Combo1.Text, 0
        Combo1.Text = ""
        Combo1.SetFocus
    End If
End Sub
```

```
        Private Sub Command2_Click()
            Dim i As Integer
            i = Combo1.Count
            If i > 0 And Combo1.ListIndex >= 0 Then
                Combo1.RemoveItem Combo1.Index
            Else
                MsgBox "没有可删除选项或未选中项目!", vbExclamation
                End
            End If
        End Sub

        Private Sub Form_Load()
            Combo1.AddItem "Microsoft Word 2003"
            Combo1.AddItem "PhotoShop 7.0"
            Combo1.AddItem "Visual Basic 6.0"
            Combo1.AddItem "Microsoft Excel 2003"
        End Sub
```

【说明】

（1）新建工程，输入上述代码，改正程序中的错误。

（2）改错时，不得增加或删除语句，但可适当调整语句的位置。

（3）将窗体和工程以 F17-2.frm 和 P17-2.vbp 保存到指定的位置。

实验 17-3

【题目】

建立一个含有 8 个元素的数组，数组的数据类型为单精度型，编程求最大值。

【要求】

（1）按图 17-3 所示设计程序的界面，窗体及其中各对象的大小和位置适合，并设置一些标题属性。

图 17-3　数组元素的最大值

（2）单击"求最大值"按钮时，将由 InputBox 函数从键盘输入数组元素值，查找并输出该数组中元素的最大值，并显示在图片框中，如图 17-3 所示。

（3）编写一个函数过程 Max，用来求数组中元素的最大值。

【说明】

新建窗体和工程，将窗体和工程以 F17-3.frm 和 P17-3.vbp 保存到指定的位置。

实验 17-4

【题目】

建立一个窗体,在窗体中添加一个文本框、两个命令按钮、一个定时器,如图17-4所示。

图 17-4 摇奖程序

【要求】

(1)为文本框设置说明标签,并按图 17-4 所示设置标签的标题,字体为楷体四号。
(2)设置文本框的背景颜色为蓝色,初始文本设置为空,字号为二号。
(3)设置两个命令按钮的标题,并将字体设置为楷体四号。
(4)将窗体的标题设置为"摇奖"。
(5)设置定时器初始状态为不可用,时间间隔为 0.1 秒。
(6)编写命令按钮事件代码。单击"摇奖"按钮,激活定时器,文本框背景颜色变成白色,并且每 0.1 秒钟产生一个[1,100]之间的随机整数,显示在文本框中;单击"停止"按钮,停止数值变化,文本框中最后一个数为中奖号码。

【说明】

新建窗体和工程,将窗体和工程以 F17-4.frm 和 P17-4.vbp 保存到指定的位置。

实验 17-5

【题目】

以下程序运行后,单击"命令"按钮,弹出对话框要求输入一个整数,并将输入值给变量 n,如果 n<3,弹出提示框。输入正确值后,计算出 Fibonacci 数列的第 n 项,并将结果输出到图片框中。分别输入 35、12、1 测试程序。

【要求】

(1)按图 17-5 所示,设计程序的界面。窗体及其中各对象的大小和位置适合,并设置一些标题属性。

图 17-5 Fibonacci 数列

（2）将如下有 3 处错误的程序输入到命令按钮的 Click 事件代码中。
（3）找出其中的错误，并直接在原处修改。

```
Option Explicit
Private Sub Command1_Click()
    Dim i As Integer, n As Integer
    Dim F1 As Integer, F2 As Integer, F3 As Integer
mx:
    n = InputBox("请输入一个 n 值：", "n 值为 Fibonacci 数列的项数")
    If n < 3 Then
        MsgBox "请输入大于 2 的整数"
        GoTo
    End If
    F1 = 1
    F2 = 1
    Picture1.Print "Fibonacci 数列中第" + n + "项的值为：";
    For i = 3 To n
        F3 = F2 + F1
        F1 = F2
        F2 = F3
    Next i
    Picture1.Print F3
End Sub
```

【说明】
（1）新建工程，输入上述代码，改正程序中的错误。
（2）改错时，不得增加或删除语句，但可适当调整语句的位置。
（3）将窗体和工程以 F17-5.frm 和 P17-5.vbp 保存到指定的位置。

实验 17-6

【题目】
建立一个动态数组，数组的数据类型为整型，由用户输入数组大小。产生[1,10]之间的随机整数，赋值给数组元素。在第一个文本框中输出产生的数组元素，第二个文本框中输出数组的排序结果，如图 17-6 所示。

【要求】
（1）按图 17-6 所示设计程序的界面，窗体及其中各对象的大小和位置适合，并设置一些标题属性。
（2）单击窗体后，将由 InputBox 函数输入数组大小值 n，产生 n 个[1,10]之间的随机整数，赋值给数组元素，并显示在第一个文本框中；然后调用排序子过程 Sort，对数组进行排序，并将结果显示在第二个文本框中。
（3）编写一个 Sub 过程 Sort，对数组进行排序。

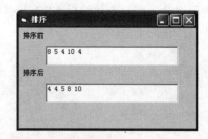

图 17-6　排序

【说明】

新建窗体和工程，将窗体和工程以 F17-6.frm 和 P17-6.vbp 保存到指定的位置。

实验 17-7

【题目】

建立一个窗体，在窗体中添加一个文本框和一个定时器控件，如图 17-7 所示。

图 17-7　闪烁的文字

【要求】

（1）将窗体的标题属性设置为"闪烁的文字"。
（2）将窗体的边框属性设置为"4-Fixed ToolWindow"。
（3）将文本框的初始文本设置为"计算机语言学习"。
（4）将文本框的字体设为华文行楷，字号为二号。
（5）设置定时器的时间间隔为 0.1 秒。
（6）编写相应的代码，使文本框中的文字在两种颜色间交替出现（两种颜色值自行确定），从而出现闪烁的效果。

【说明】

新建窗体和工程，将窗体和工程以 F17-7.frm 和 P17-7.vbp 保存到指定的位置。

实验 17-8

【题目】

将随机产生的 15 个两位正整数围成一个圆圈，找出所有拐点元素，并输出拐点元素的值及位置，如图 17-8 所示。

所谓拐点元素是指它比左右相邻元素都大或都小。

【要求】

（1）按图 17-8 所示设计程序界面，窗体及其中各对象的大小和位置适合，并设置一些标题属性。

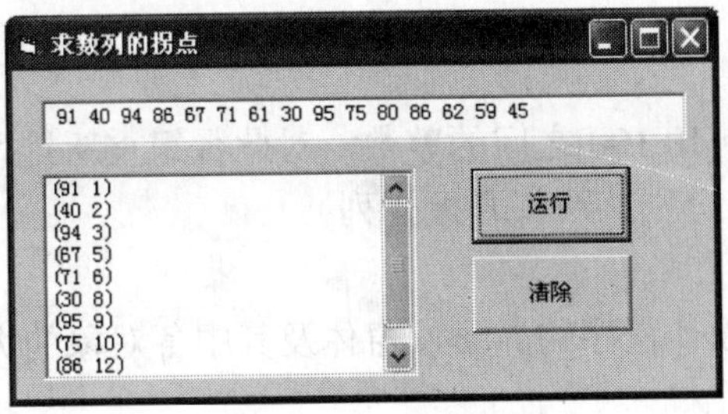

图 17-8 数列的拐点

（2）将如下有 3 处错误的程序输入到命令按钮的 Click 事件代码中。
（3）找出其中的错误，并直接在原处修改。

```
Option Explicit
Option Base 1
Private Sub Command1_Click()
    Dim a(16) As Integer
    Dim i As Integer, st As String
    Randomize
    For i = 1 To 15
        a(i) = Int(Rnd * 90) + 10
        Text1.Text = a(i)
    Next i
    a(16) = a(1)
    a(0) = a(15)
    For i = 1 To 15
        If a(i) > a(i + 1) And a(i) > a(i - 1) And a(i) < a(i + 1) And a(i) < a(i - 1) Then
            st = "(" & CStr(a(i)) & Str(i) & ")"
            List1.AddItem st
        End If
    Next i
End Sub

Private Sub Command2_Click()
    Text1.Text = ""
    List1.Clear
End Sub
```

【说明】
（1）新建工程，输入上述代码，改正程序中的错误。
（2）改错时，不得增加或删除语句，但可适当调整语句的位置。
（3）将窗体和工程以 F17-8.frm 和 P17-8.vbp 保存到指定的位置。

实验 17-9

【题目】

随机产生并显示 10 个[10,100]之间的整数,对此数组重新排列,将比平均数小的数排在前面,其他元素排在后面(分别从两头开始排列)。

【要求】

(1)按图 17-9 所示设计程序的界面,窗体及其中各对象的大小和位置适合,并设置一些标题属性。

(2)单击"重新排列"按钮时,将排序好的数组显示在下面的图片框中,如图 17-9 所示。

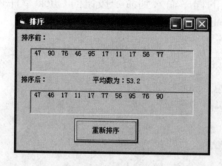

图 17-9 数列排序

(3)编写一个函数过程 AVG,用来求数组中各元素的平均值。

【说明】

新建窗体和工程,将窗体和工程以 F17-9.frm 和 P17-9.vbp 保存到指定的位置。

实验 17-10

【题目】

建立一个窗体,在窗体中添加一个标签和一个列表框,如图 17-10 所示。

图 17-10 欢迎窗口

【要求】

(1)将窗体的标题属性设置为"欢迎窗口"。
(2)将窗体的背景色设为绿色,标签的背景色设为黄色。
(3)将标签的初始文本设置为空,标签的宽度自动适应文本的大小。
(4)将标签的字号、字体设为二号字、华文楷体。
(5)将列表框的列表项设为几个学院的名称,如图 17-10 所示。

（6）编写列表框的单击事件代码，当每次单击列表框某学院的名称时，将在标签中显示某学院欢迎您字样，且要求标签水平居中。如图 17-10 所示是运行后单击列表框的结果。

【说明】

新建窗体和工程，将窗体和工程以 F17-10.frm 和 P17-10.vbp 保存到指定的位置。

实验 17-11

【题目】

将文本文件 C:\data.txt 中的数据读取，并以 6 个一行的格式显示在图片框 1 中，再用冒泡法对此数据进行排序，将排序后的数据以 6 个一行的格式显示在图片框 2 中，如图 17-11 所示。

【要求】

（1）按图 17-11 所示，设计程序的界面。窗体及其中各对象的大小和位置适合，并设置一些标题属性。

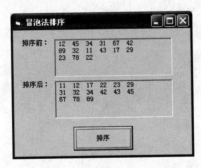

图 17-11　冒泡法排序

（2）先建立 C:\data.txt 文件，在其中任意输入一些两位正整数，正整数之间用空格隔开。

（3）将如下有 3 处错误的程序输入到"排序"按钮的 Click 事件代码中。

（4）找出其中的错误，并直接在原处修改。

```
Option Explicit
Option Base 1
Private Sub Command1_Click()
    Dim i As Integer
    Dim FileNumber As Integer
    Dim Data() As Integer
    FileNumber = FreeFile()
    Open "C:\data.txt" For Input As #FileNumber
    i = i + 1
    Do While Not EOF(FileNumber)
        ReDim Preserve Data(i)
        Print #FileNumber, Data(i)
        Picture1.Print Data(i);
        If i Mod 6 = 0 Then
```

```
                    Picture1.Print
                End If
            Loop
            Close #FileNumber
            Call Sort(Data)
            For i = 1 To UBound(Data)
                Picture2.Print Data(i);
                If i Mod 6 = 0 Then
                    Picture2.Print
                End If
            Next i
        End Sub

        Private Sub Sort(a() As Integer)    '冒泡法排序
            Dim i As Integer, j As Integer
            Dim Temp As Integer
            For i = 1 To UBound(a) - 1
                For j = i + 1 To UBound(a)
                    If a(j) > a(j + 1) Then
                        Temp = a(j)
                        a(j) = a(j + 1)
                        a(j + 1) = Temp
                    End If
                Next j
            Next i
        End Sub
```

【说明】
（1）新建工程，输入上述代码，改正程序中的错误。
（2）改错时，不得增加或删除语句，但可适当调整语句的位置。
（3）将窗体和工程以 F17-11.frm 和 P17-11.vbp 保存到指定的位置。

实验 17-12

【题目】

求出 10～100 之间的所有因子个数为 6 的数（因子包括 1 与该数本身），界面如图 17-12 所示。

【要求】

（1）按图 17-12 所示设计程序的界面，窗体及其中各对象的大小和位置适合，并设置一些标题属性。

（2）单击"查找"按钮，在文本框中显示运行结果，如图 17-12 所示。

（3）编写一个 Sub 过程 Gene，用来求一个正整数的所有因子，并将因子存放在一个数组中。

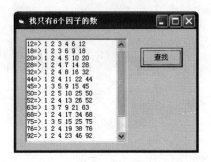

图 17-12　找只有 6 个因子的数

【说明】

新建窗体和工程,将窗体和工程以 F17-12.frm 和 P17-12.vbp 保存到指定的位置。

反侵权盗版声明

电子工业出版社依法对本作品享有专有出版权。任何未经权利人书面许可,复制、销售或通过信息网络传播本作品的行为;歪曲、篡改、剽窃本作品的行为,均违反《中华人民共和国著作权法》,其行为人应承担相应的民事责任和行政责任,构成犯罪的,将被依法追究刑事责任。

为了维护市场秩序,保护权利人的合法权益,我社将依法查处和打击侵权盗版的单位和个人。欢迎社会各界人士积极举报侵权盗版行为,本社将奖励举报有功人员,并保证举报人的信息不被泄露。

举报电话:(010)88254396;(010)88258888
传　　真:(010)88254397
E-mail:　dbqq@phei.com.cn
通信地址:北京市万寿路173信箱
　　　　　电子工业出版社总编办公室
邮　　编:100036